GUIDE

DE

L'APICULTEUR.

PARIS. — IMPRIMERIE DE Mme VEUVE BOUCHARD-HUZARD,
5, RUE DE L'ÉPERON.

GUIDE

DE

L'APICULTEUR

PAR M. DEBEAUVOYS,

MÉDECIN A SEICHES (MAINE-ET-LOIRE),
MEMBRE TITULAIRE DE LA SOCIÉTÉ INDUSTRIELLE D'ANGERS,
MEMBRE CORRESPONDANT DE LA SOCIÉTÉ DE MÉDECINE DE LA MÊME VILLE,
ET DES SOCIÉTÉS D'AGRICULTURE DE LA ROCHELLE,
DE ROCHEFORT, DE BOURG, ETC.

Pendant l'été, nos campagnes sont couvertes de fleurs pleines de miel et de cire ; nous perdons ces revenus délicieux, faute d'avoir assez d'abeilles, qui seules savent faire cette récolte. Les abeilles, enfin, sont une branche de l'économie rurale d'autant plus précieuse qu'elle est à la portée des pauvres habitants des campagnes ; elle ne demande ni engrais, ni labours, ni semences. C'est dans ce genre qu'il est exactement vrai de dire que l'on recueille sans semer.

RÉAUMUR.

TROISIÈME ÉDITION.

PARIS,
LIBRAIRIE D'AGRICULTURE ET D'HORTICULTURE
DE Mme Ve BOUCHARD-HUZARD,
5, RUE DE L'ÉPERON ;
ET CHEZ DUSACQ, LIBRAIRE, RUE JACOB, 26.

1851

AVIS DE L'ÉDITEUR.

L'éducation des abeilles présente tant d'intérêt et d'utilité, elle est devenue si facile et si rationnelle, qu'on s'empresse d'y revenir de toutes parts.

L'ouvrage que nous publions aujourd'hui remplace la deuxième édition du *Guide de l'apiculteur*, dont plusieurs sociétés d'agriculture ont rendu le compte le plus avantageux, notamment la Société nationale et centrale d'agriculture de Paris, celles de Versailles, de Bourg, de Rochefort, de la Rochelle, de Bordeaux, d'Angers. La plupart de ces sociétés ont honoré son auteur, M. Debeauvoys, du titre de membre correspondant.

Plusieurs distinctions fort honorables lui ont été décernées par les jurys de diverses expositions. Ainsi trois médailles d'or lui ont été accordées à l'exposition des produits de l'industrie en 1849, à celle de la Société philomathique de Bordeaux et à la Société nationale et centrale de Paris; cinq d'argent, dont une par le ministre du commerce et de l'agriculture, au concours de Poissy ; deux avec la première prime, pour les instruments perfectionnés, par l'association agricole des départements du centre et de l'ouest; enfin le jury du concours agricole de Versailles lui a décerné une médaille de bronze, avec une recommandation à la bienveillance du gouvernement.

Le *Guide de l'apiculteur* a paru tellement utile, que plusieurs conseils généraux ont voté des sommes pour acquérir des exemplaires destinés à être distribués dans leurs départements, et M. le ministre de l'agriculture et du commerce vient de souscrire à deux cents exemplaires de la troisième édition que nous publions.

Cette édition, rangée par ordre de matières, est divisée en trois parties, renfermant chacune plusieurs chapitres composés de plusieurs paragraphes. Les principaux alinéa sont précédés de leur numéro d'ordre et d'un titre qui indique leur contenu. Des gravures renfermées dans le texte facilitent l'intelligence des descriptions.

L'ouvrage étant essentiellement destiné aux praticiens, l'auteur en a éloigné toute explication théorique et les faits qu'il aurait pu invoquer à l'appui de ses préceptes, afin de le rendre le plus court possible.

L'auteur n'a, en outre, cité aucune des personnes bienveillantes qui lui ont communiqué leurs observations ou l'ont aidé de leurs conseils; mais, dans un autre ouvrage qu'il prépare, il payera à chacun son tribut de reconnaissance et décrira le véritable état actuel de l'apiculture. Cependant il ne veut pas tarder à rendre hommage au beau travail de M. le Dr Auzoux, qui vient de reproduire l'abeille et ses rayons dans les détails les plus minutieux, travail qui a définitivement éclairci le mystère de la continuité de la fécondation des œufs de la reine pendant plusieurs années, sans nouveau mariage.

EXTRAIT

des délibérations du conseil général du département de Maine-et-Loire (1846).

M. Debeauvoys, médecin, à Seiches, est auteur d'une nouvelle méthode d'apiculture, et d'un livre élémentaire sur cet objet, dont M. le préfet propose d'acquérir quelques exemplaires à titre d'encouragement et dans le but de propager parmi les habitants de nos campagnes les utiles enseignements qu'il renferme.

Ce laborieux et intelligent observateur a même offert de venir opérer sous les yeux du conseil, pour le mettre à même d'apprécier le mérite de sa découverte et des avantages qui pourraient résulter de l'introduction, sur une grande échelle, dans le département, de l'industrie des abeilles.

M. Debeauvoys procédera donc, jeudi prochain, dans le jardin de la préfecture, à l'ouverture d'une ruche de son invention, dont la structure permet de recueillir aisément, en tout temps et sans nuire à l'insecte producteur, le miel et la cire qu'elle renferme.

Le conseil ne dédaignera pas, sans doute, d'assister à une expérience qui fera une utile et agréable diversion à ses travaux.

Le conseil, sur l'avis de la quatrième commission, désirant témoigner à M. Debeauvoys la sympathie que mérite son travail, et voulant propager les utiles enseignements que contient son livre intitulé le *Guide de l'apiculteur*, décide qu'il en sera acquis quarante exemplaires qui seront distribués aux bibliothèques du département, et vote 60 fr. pour cette dépense.

RAPPORT

FAIT

A LA SOCIÉTÉ ROYALE ET CENTRALE D'AGRICULTURE
DE PARIS,

SUR LE GUIDE DE L'APICULTEUR ET LA RUCHE A CADRES,

OU CHASSIS VERTICAUX,

de M. DEBEAUVOYS, médecin, à Seiches,
près Suette (Maine-et-Loire),

par M. le vicomte **HÉRICART DE THURY**,

PRÉSIDENT DE CETTE SOCIÉTÉ.

MESSIEURS,

M. Debeauvoys, médecin, membre des Sociétés industrielle et de médecine d'Angers, vous a fait hommage d'un manuel sur l'éducation des abeilles, intitulé *Guide de l'apiculteur*, et sur une nouvelle ruche de son invention, dont il a déposé le modèle au Conservatoire des arts et métiers.

Vous nous avez chargé de vous rendre compte du manuel de M. Debeauvoys et de vous donner notre avis sur son modèle de ruche, que nous avons examiné avec M. Pouillet, directeur du Conservatoire, et notre confrère M. Moll.

Depuis Swammerdam, Maraldi et de Réaumur, auxquels nous devons une connaissance exacte des mœurs, des métamorphoses, des sexes des abeilles, de nombreux ouvrages, guides et manuels ont été publiés sur l'éducation des abeilles; et, dans le nombre, on distinguera toujours ceux de Schirach, de Rhiems, de Brow, de Mill Wildman, de Huber, de Blondelu, de Rozier, de Bosc, de Féburier, de

Lombard, de Desormes, de Warembey, etc., etc.; et, parmi les diverses ruches successivement présentées comme plus avantageuses que les anciennes, on citera celles de Palteau, de Massac, de Boisjugan, de Cuinghien, de Ducarne-Blangy, de Schirach, de Wildman, de Mahogany, de Ravenel, de Gelieu, de Desormes, de Lombard, etc.

Mais, quelque bons que fussent ces divers ouvrages, guides et manuels, quelque perfectionnées, quelque améliorées que fussent ces différentes ruches, il était impossible que, dans le mouvement général de progrès que toutes les branches de notre économie rurale et de notre industrie agricole ont éprouvé depuis le commencement du siècle, l'apiculture restât en arrière du progrès général et qu'elle n'éprouvât pas quelques nouvelles améliorations dans ses détails.

Déjà, en effet, Serain, de Frarière, Fremiet, Féburier et autres avaient donné une nouvelle impulsion à cette intéressante industrie, généralement abandonnée jusqu'alors aux préjugés et à l'aveugle ou routinière pratique des habitants des campagnes; mais cette impulsion fut bien plus sensible, lorsque, après avoir été couronné par la Société d'agriculture pour son *Manuel pratique de l'éducation des abeilles,* destiné, suivant le programme du concours, aux simples villageois, Lombard, depuis notre confrère, fit au rucher de son verger des Thernes de Neuilly un cours public d'apiculture : et cependant on reconnut bientôt que, malgré les avantages qu'elles présentaient sur les anciennes ruches, celles de Lombard avaient encore plusieurs inconvénients et laissaient beaucoup à désirer sous le rapport des diverses opérations du transvasement des abeilles, de leur conservation, de la récolte du miel, comme pour sa qualité et sa pureté, enfin sous le rapport des dangers auxquels on restait exposé pendant l'opération du transvasement ; aussi, et tout en reconnaissant les services rendus à l'apiculture par Lombard, la plupart de ses élèves abandonnèrent-ils peu à peu ses ruches, que plusieurs d'entre eux ont cherché à perfectionner.

Tel était, en France, l'état de l'apiculture, lorsque le docteur Debeauvoys, qui jouit, comme médecin, dans le département de Maine-et-Loire, d'une réputation justement méritée, après plusieurs années d'observation, d'études et de pratique sur l'éducation des abeilles et les trois espèces de ruches généralement adoptées, savoir la ruche antique ou villageoise, la ruche à hausses superposées de Palteau avec ses modifications, et la ruche à feuillets verticaux et compartiments, ou divisée simplement en deux parties verticales; M. Debeauvoys, dis-je, d'après les principes de Réaumur, Huber, Schirach, Gelieu, Bosc et Féburier, construisit une ruche à cadres ou châssis verticaux, la seule véritablement naturelle et rationnelle.

Une ruche bien construite devant réunir et présenter les conditions et avantages suivants : 1° de pouvoir en recueillir le miel et la cire sans en détruire les abeilles, ni même de les en faire sortir ;

2° De pouvoir en nourrir les abeilles d'une manière efficace et assurée pendant les temps les plus longuement calamiteux pour elles, en plaçant la nourriture là où elles ont coutume de la trouver ;

3° De pouvoir détruire les fausses teignes, la nouvelle gallerie (*gallearia alvearia et cerella*) avant qu'elles y exercent leurs pernicieux ravages, devant pouvoir les aller chercher jusque dans les replis les plus cachés de la ruche ;

4° De pouvoir s'emparer des essaims et en faire d'artificiels de la manière la plus certaine, ou même empêcher que la ruche en jette de nouveaux ;

5° De faire périr infiniment moins d'abeilles, en déplaçant ou remplaçant les cadres ou châssis, qu'avec des ruches de Huber, de Féburier, de Bosc et d'autres construites dans le système vertical ;

6° De pouvoir visiter les deux faces de chacun des gâteaux, avantage immense pour l'éducateur, qui peut observer tous les détails de son régime intérieur, de son état hygiénique sans aucun inconvénient ;

7° De pouvoir toujours, à volonté et suivant le besoin, y renouveler l'air intérieurement ;

Et 8° d'être d'un transport facile et d'offrir cependant toutes les garanties possibles pour la solidité des gâteaux.

Telles sont, messieurs, les conditions que s'est imposées M. Debeauvoys dans la construction de sa ruche, dont il ne se donne pas, dit-il, pour inventeur, et pour laquelle il n'a, par conséquent, pas voulu prendre de brevet, ne la considérant que comme une modification de celles qui lui avaient paru les meilleures, mais qu'il avait jugé nécessaire de modifier pour leur faire remplir les conditions qu'il s'était imposées dans son programme ; conditions qu'il a parfaitement remplies, ainsi qu'il a été constaté par les rapports des Sociétés industrielle et de médecine d'Angers et par le procès-verbal du conseil général du département de Maine-et-Loire (session de 1846) ; fait encore mieux constaté par plus de mille ruches que M. de Debeauvoys a été appelé à établir dans les départements de Maine-et-Loire, de la Sarthe, de la Mayenne, de la Loire-Inférieure, d'Indre-et-Loire, etc., etc., où le succès en a même été si complet et si rapide, qu'on en compte aujourd'hui plus de six mille construites d'après son système.

Ce système est si simple, que ces ruches, bien conditionnées, construites en bois blanc, soit de peuplier, soit de sapin (qui est préférable, l'odeur résineuse éloignant les teignes sans nuire aux abeilles), peuvent être établies pour 5 à 6 fr. avec leur table, et qu'elles peuvent être construites par tous charrons, charpentiers, menuisiers ou ouvriers de bois, et même par les plus simples éducateurs villageois tant soit peu intelligents, en en ayant une pour modèle.

Les détails dans lesquels M. Debeauvoys est entré dans les différentes parties de son *Guide de l'apiculteur*, 1° sur les reines des abeilles, leur enfance, les soins qui leur sont prodigués, leur éducation, leur caractère, leur conduite à l'égard des mâles, leur fécondation, leur ponte, leur autorité dans l'intérieur de la ruche, etc., etc., 2° sur les ouvrières, leurs espèces, leur condition, la division de leurs travaux, et 3° sur les mâles, leur caractère, la conduite de la reine et des ouvrières à leur égard, enfin leur proscription et leur destruction prouvent que M. Debeauvoys a fait une étude approfondie de tous les traités, ouvrages, guides et manuels, anciens et modernes, qui ont été écrits sur les abeilles, les ruches, le miel et la cire, mais aussi qu'il a beaucoup vu, beaucoup observé, beaucoup travaillé par lui-même; enfin qu'il n'a rien négligé pour bien connaître l'abeille, que Virgile dit un rayon de la divinité, Plutarque le magasin des vertus, et Quintilien l'élève de la géométrie, qui lui a prêté sa ligne et son compas pour régler ses admirables constructions.

En résumé, nous avons trouvé dans le *Guide* de M. Debeauvoys un grand nombre d'observations et de faits nouveaux sur les abeilles, leurs essaims, les moyens de les arrêter, de les recueillir, sur le transvasement des ruches, la manière de nourrir les abeilles, sur les soins hygiéniques à leur donner, sur leurs ennemis, etc., etc. Tout y est traité avec soin, parfaitement exposé, décrit d'une manière simple et lucide, à la portée des habitants des campagnes.

Le conseil général du département de Maine-et-Loire l'a si bien apprécié, que, pour témoigner à l'auteur le vif intérêt qu'il prenait à ses travaux, il a assisté, en 1846, dans les jardins de la préfecture d'Angers, avec les Sociétés industrielle et de médecine, à l'ouverture d'une de ses ruches, à son transvasement et aux instructions pratiques qu'il a développées dans cette séance, que le conseil général a terminée en prenant des souscriptions pour répandre dans les campagnes le *Guide* de M. Debeauvoys, qu'il a, en outre, ordonné de distribuer dans les diverses bibliothèques du département.

Un dernier article sur lequel nous appellerons, messieurs, votre attention est celui dans lequel M. Debeauvoys parle du produit annuel d'une ruche, article généralement omis, on ne sait pourquoi, dans la plupart des manuels et sur lequel, fréquemment consulté, nous n'aurions jamais pu, sans notre pratique personnelle, répondre d'une manière bien certaine, les réponses que nous avons obtenues du plus grand nombre des apiculteurs auxquels nous nous sommes adressé étant bien souvent vagues et si peu concordantes, que nous ne pouvions en déduire, pour les meilleures années, que 15 à 18 fr. au plus de produit annuel par ruche, et pour moyenne de 12 à 15 fr. au plus.

« Dans les années comme celle de 1846, dit à cet égard notre auteur, le produit d'une ruche dont la direction est soumise à des préceptes bien suivis peut être immense dans de bonnes localités; car j'ai tiré 12 kilog. de miel (*chez M. le comte de Quatrebarbes*) d'une ruche organisée seulement depuis deux mois, et je sais que certains éducateurs en ont obtenu plus de 25, leurs ruches étant organisées depuis le printemps ou l'année précédente; j'en connais même une qu'on n'a pas voulu châtrer et qui, en octobre, pesait 45 kilog.

« L'éducation des abeilles, telle que je la comprends, est encore trop peu répandue pour permettre de donner une base moyenne; mais je pense cependant déjà pouvoir assurer qu'elle sera infiniment meilleure avec la ruche à cadres qu'avec toutes les autres, et j'en ai trop vu, en 1846, pour ne pas conclure par avance que le revenu moyen ne sera pas au-dessous de 20 fr., soit en miel, soit en cire.

« Et combien en coûte-t-il pour obtenir un pareil résultat? Réaumur l'a dit : *ni engrais, ni labours, ni semences.*

« Une ruche bien faite peut être livrée à 5 fr.; un essaim coûtera autant, ou peut-être un peu plus, ce qui constitue une dépense première de 10 à 12 fr.

« Dès la seconde année, cette ruche produira un essaim, et le miel et la cire qu'elle donnera dépasseront de beaucoup le prix de mise.

« Une seule personne peut, fort aisément, soigner vingt ruches. Quatre visites par an suffisent; savoir une au printemps, en mai, lors des essaims; la seconde et troisième, en juillet et septembre, suivant les pays, pour les récoltes; et la quatrième, à la fin d'octobre, pour assurer aux abeilles les provisions dont elles ont un indispensable besoin dans les années stériles en miel et les hivers qui se prolongent tardivement. »

AVIS ET CONCLUSIONS.

Vous nous avez chargé, messieurs, de vous rendre compte du *Guide de l'apiculteur* de M. Debeauvoys et de vous dire notre avis sur sa ruche.

Vous trouverez peut-être que nous avons été trop long dans ce compte rendu; mais le sujet était important, nous avons cru devoir entrer dans quelques détails pour vous le faire juger et apprécier. Au reste, vous voudrez bien nous excuser, en considérant que c'est comme vieil éducateur d'abeilles, qui a comparé et essayé la plupart des ruches des divers pays qu'il a parcourus, et que, par conséquent, c'est en praticien que parle votre rapporteur, lorsqu'il vient vous dire que le *Guide* de M. Debeauvoys est un bon et excellent manuel d'apiculture pratique; que sa ruche remplit parfaitement toutes les conditions du programme qu'il s'était imposées; qu'en conservant et protégeant les abeilles, jusqu'à présent victimes de nos vieilles routines, sa ruche a encore l'avantage de donner des produits supérieurs en quantité et en qualité; enfin qu'elle est à la portée de tout le monde par la simplicité de ses manipulations et par la modicité de son prix.

D'après ces considérations, nous avons l'honneur de vous proposer, messieurs, 1° de remercier M. Debeauvoys de l'hommage qu'il vous a fait de son *Guide de l'apiculteur*, qui devra être honorablement déposé dans votre bibliothèque parmi les bons ouvrages à consulter;

2° De recommander à M. le ministre de l'agriculture et du commerce le *Guide de l'apiculteur*, comme digne de son approbation et d'être placé dans toutes les bibliothèques des fermes-modèles et institutions agricoles;

Et 3° de renvoyer ce rapport et l'ouvrage de M. le docteur Debeauvoys à votre commission des améliorations agricoles, le rapide succès qu'a obtenu sa ruche, en moins de deux années, dans nos départements de l'ouest, où on en compte aujourd'hui plus de six mille en plein rapport, étant une grande amélioration agricole d'une haute importance, due à la supériorité de cette ruche, promptement appréciée de tous les éducateurs d'abeilles, auxquels M. Debeauvoys en a généreusement fait l'entier abandon, n'ayant point voulu prendre de brevet d'invention, heureux et satisfait d'avoir été utile à cette branche d'agriculture de son pays, comme, par d'autres travaux, il l'a été à une branche non moins importante, celle de la sériciculture, dans laquelle il se distingue avec le même succès.

Décembre 1847.

Signé

POUILLET, membre de l'Institut, directeur du Conservatoire des arts et métiers;

MOLL, professeur d'agriculture, membre de la Société royale et centrale d'agriculture de Paris;

HÉRICART DE THURY, rapporteur.

GUIDE

DE

L'APICULTEUR.

AVANT-PROPOS.

Le plus grand nombre des personnes qui soignent les abeilles, n'ayant pas le temps de lire les bons traités qui existent sur ces insectes, j'ai pensé être utile en rédigeant un résumé, qui contiendrait des notions succinctes sur leur physiologie, afin de mieux faire comprendre les raisons des soins qu'on leur donne.

Car, bien que les abeilles réussissent partout, et même quelquefois en l'absence de toute espèce de soins, il n'en est pas moins vrai que, réduites à l'état de domesticité, elles méritent tout autant d'attention que les autres animaux dont nous avons fait les soutiens de notre existence.

A l'aide de ce guide, l'éducateur le moins habile ne consacrera plus un temps précieux à guetter ses essaims; il ne sera plus exposé à les perdre; il fera de meilleures et de plus abondantes récoltes; enfin il ne verra pas la teigne ravager son rucher.

Les notions les plus étendues qu'on puisse désirer sur l'industrie des abeilles se trouvent dans mon *Guide de l'apiculteur*.

PREMIÈRE PARTIE.

DES ABEILLES.

PHYSIOLOGIE DES ABEILLES; LEUR ARCHITECTURE; LEURS ESSAIMS; LEURS MALADIES; LEURS ENNEMIS; LEUR PIQURE.

CHAPITRE PREMIER.

Physiologie des abeilles.

DE LA REINE OU MÈRE; DES MALES; DES OUVRIÈRES.

1. Les abeilles accumulent dans leur demeure des provisions de plusieurs natures. Cette prévoyance leur est indispensable pour l'hiver, pendant lequel elles ne sont pas endormies; elle leur est aussi nécessaire pendant le reste de l'année pour la nourriture des larves produites par les œufs que la reine pond sans cesse en grand nombre.

2. Les auteurs ont distingué quatre espèces d'abeilles; mais il n'y en a que deux qui soient bien connues.

La première de ces deux espèces est noirâtre,

d'une grosseur remarquable, laborieuse, assez facile à traiter, mais inférieure, sous ce rapport, à la deuxième espèce.

Cette seconde espèce, connue sous le nom de *petite hollandaise*, est plus petite, d'un jaune-brun aurore; elle est vive, ardente, active au travail, et d'humeur facile.

Ces deux espèces se trouvent quelquefois dans le même rucher; mais il y a des pays où l'une ou l'autre domine.

3. Les abeilles se réunissent par groupes plus ou moins considérables. Chaque groupe se nomme *essaim*, et forme une famille complète, dont chaque membre a des fonctions spéciales; ils concourent tous au bien commun, chacun suivant les attributions qui lui ont été départies par son organisation.

Chaque essaim a une *mère* ou *reine*, des *mâles*, des *ouvrières* de la même nature que la reine, mais stériles à cause de l'éducation qu'elles reçoivent.

La reine seule est chargée de pondre, pendant plusieurs années consécutives, autant d'œufs qu'il en faut pour soutenir l'essaim, en fournir de nouveaux et remplacer les ouvrières qui périssent en allant aux champs.

§ 1. DE LA REINE.

4. *La reine.* — Anciennement on la nommait le *roi*, parce qu'on ne connaissait pas son sexe; elle a une grande influence sur la population de la ruche, dont elle est la mère; ce qui fait qu'on la désigne souvent sous ce dernier nom.

5. *Son développement depuis l'œuf jusqu'à sa naissance.* — L'œuf qui la produit est déposé dans un alvéole d'une forme particulière toute différente de celle des alvéoles des ouvrières et des mâles. Trois jours après qu'il a été déposé, il en sort un petit ver qu'on désigne sous le nom de *larve.* Il se voit sur une bouillie blanchâtre fort abondante qui occupe le fond de la cellule, se tenant à la surface de cette bouillie, sur laquelle il semble nager. Il se développe peu à peu pendant cinq jours et a d'abord la forme d'un petit croissant; mais, dès le troisième jour, le croissant se ferme, la tête se trouve en bas, et cette position est telle qu'on est surpris que le ver ne tombe pas.

La nourriture qu'il reçoit est très-abondante, et il en reste toujours après l'éclosion de la reine.

Le huitième jour, les abeilles ferment complétement la cellule qui contient le ver. Celui-ci se file une coque qui ne couvrira que la tête et le corselet de l'abeille quand elle sera éclose, le ventre restant à nu sous la cire.

Le onzième jour, la larve prend la forme d'une nymphe qui a déjà toutes les parties qui constituent l'abeille; mais elle est d'une blancheur remarquable. Les jours suivants, ces parties se durcissent, prennent de la couleur, et après dix-sept jours et demi l'abeille peut rompre l'opercule qui recouvre sa cellule.

6. *Ses caractères physiques à ses différents âges.* — Cette jeune reine, en sortant de son berceau, ne présente pas de suite les caractères si distinctifs qu'elle revêt quelque temps après et qu'elle conserve jusqu'à sa cinquième année.

Ainsi elle est brune, courte de l'abdomen, qui est plus trapu, plus large que dans les ouvrières; ses ailes sont tout aussi longues que chez ces dernières, et sa tête paraît tout aussi grosse que la leur. Mais elle se distingue des ouvrières par des pattes très-prononcées et déjà fort jaunes. Cette couleur dorée existe même sur les nymphes de deux ou trois jours. Mais, après quelques semaines et surtout après un an, la reine a une taille svelte; son abdomen, très-développé, n'est recouvert par les ailes que jusque vers le troisième anneau ; sa tête paraît plus petite ; ses pattes sont visiblement plus longues, et la couleur dorée qui

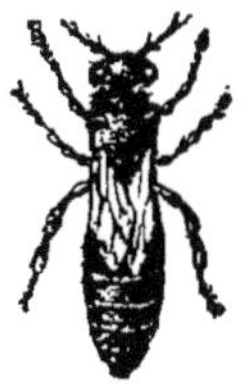

Reine.

les distinguait tout d'abord s'est étendue sur tout l'abdomen ; ses pattes en sont imprégnées tellement qu'elles semblent transparentes ; l'aiguillon, que son dernier anneau recouvre, ne se tend pas perpendiculairement au corps, mais bien en formant un angle rentrant avec la partie inférieure.

Arrivée à un certain âge, la reine perd ces belles couleurs, ces formes si prononcées du ventre. Dans la cinquième année, ses jambes restent encore jaunes et son corps un peu allongé, mais il est fort noir, et ses ailes sont sèches et frangées. Tels sont les caractères qui la distinguent alors du premier âge. Aussi prend-on souvent les cirières pour de vieilles reines, tant elles leur ressemblent.

La reine n'a pas, toute l'année, un ventre aussi volumineux ; il diminue notamment après la ponte des mâles ou quand la ponte est ralentie par une cause quelconque.

7. *Sa longévité.* — La reine vit plus de quatre ans ; arrivée à la cinquième année, elle pond très-peu. On dit en avoir vu vivre sept ans.

8. *Ses caractères moraux.* — La reine n'a reçu ce nom qu'à cause de la grande influence qu'elle exerce sur ses enfants. Veut-elle sortir, tous la suivent ; s'il leur plaît d'émigrer et qu'elle ne quitte pas le logis, ils reviennent tous vers elle. C'est en s'en emparant qu'on dirige l'essaim où l'on veut. Si elle ne peut voler et qu'elle soit tourmentée du besoin de fonder une colonie, elle se dirige sur la terre, vers un point quelconque, et les abeilles la suivent en passant partout où elle a passé.

9. *Son chant.* — Quelques jours avant son départ, la reine fait entendre un chant assez analogue à celui de la cigale. Ce chant, répété plusieurs fois à certains intervalles, détermine dans la ruche le plus profond silence.

Quelques éducateurs disent que ce chant n'a lieu que lors du départ du deuxième essaim ; d'autres l'attribuent aux jeunes reines prisonnières qui demandent à sortir de leurs cellules.

10. *Son mariage.* — Un jour après sa naissance,

la jeune reine sort de la ruche, s'élance dans les airs, où elle s'accouple avec un mâle ; puis, après vingt-cinq ou trente minutes, elle rentre fécondée pour toute sa vie.

11. *Sa ponte régulière ou irrégulière.* — Quarante-six heures après cet accouplement, la reine commence la ponte d'une innombrable population.

Pendant les onze premiers mois, elle ne pond que des œufs d'ouvrières, dont la quantité peut s'élever à soixante mille par an.

Vers la fin du onzième mois, elle commence à pondre des œufs de mâles. Cette ponte dure vingt à trente jours, pendant lesquels il n'est pondu aucun œuf d'ouvrière. Mais, de temps à autre, tous les trois ou quatre jours, la reine dépose un œuf de reine dans une cellule royale.

La ponte exige que la ruche contienne une nourriture abondante; aussi faut-il bien se garder, à cette époque, d'enlever du miel, dont la disette ralentirait ou ferait cesser plus ou moins complétement cette fonction.

L'ordre de la ponte n'est pas toujours si régulier qu'on vient de le dire ; il est bon de le savoir, pour éviter de faire des essaims intempestifs.

Comme c'est la vieille reine qui sort avec l'essaim, il est facile de concevoir que, si elle n'a pas fini sa ponte de mâles et de reines, elle la continuera dans son nouveau domicile, et que vingt ou trente jours après, ou plus tard peut-être, un nouvel essaim pourra être jeté, ce qui aurait un grave inconvénient.

12. *Ponte viciée ; quelle en est la cause.* — Si la reine n'était pas fécondée dans les premiers jours de sa naissance, la ponte serait viciée, c'est-à-dire que, mariée seulement après le seizième jour qui suit sa naissance, elle pondrait autant de mâles que d'ouvrières, et après le vingt et unième jour l'accouplement ne produirait plus que des mâles.

Lorsque la mère atteint sa cinquième année, la ponte diminue beaucoup; elle pond bien encore un certain nombre d'ouvrières et quelques mâles, mais jamais de reines. Alors la ruche dépérit insensiblement.

13. *Mort de la reine.* — La reine n'atteint pas toujours un grand âge; elle peut périr par plusieurs causes : elle meurt quelquefois après une ponte désordonnée trop abondante; elle peut être écrasée par accident ou être saisie par un oiseau qui a provoqué sa sortie. On s'aperçoit de sa disparition par l'absence du pollen que les abeilles n'apportent plus à la ruche.

14. *Chaque cellule ne reçoit qu'un œuf.* — Généralement la reine ne dépose qu'un œuf dans chaque cellule, et elle se trompe bien rarement sur la nature de celui qu'elle dépose; mais il lui arrive quelquefois que ses œufs lui échappent, et elle en laisse alors plusieurs dans quelques cellules.

15. *Distribution des œufs dans les rayons; époque de la grande ponte.* — C'est ordinairement au centre de la ruche que l'on trouve les œufs. Ils sont déposés en cercles fort réguliers; mais, lors de la grande ponte, qui a lieu en avril et mai pour les pays de cultures variées, et en juillet et en août pour ceux de blé noir, on en trouve partout. Dans certaines ruches, tous les rayons d'un côté sont chargés d'œufs, et ceux du côté opposé sont garnis de miel.

16. *Durée de la ponte.* — La reine pond toute sa vie et pendant toute l'année. J'ai vu des hivers très-chauds pendant lesquels les ruches étaient pleines de couvain.

17. *Causes qui la suspendent.* — Un mauvais temps prolongé et l'absence de nourriture ralentissent la ponte ou la suspendent. De jeunes reines écloses dans des ruches remplies de vieux rayons refusent parfois de pondre; mais, qu'on fasse de la place, de nouveaux rayons seront con-

struits, et la reine y déposera tout de suite des œufs.

18. *La reine perd aisément ses œufs.* — Si, dans le fort de la ponte, on tient la reine captive hors de la ruche, les œufs lui échappent, et on les trouve sur la planche ou sur le drap où on l'avait posée.

19. *Elle s'obstine parfois à ne pas pondre des œufs de reine.* — La reine s'obstine parfois à ne pas pondre des œufs de reine. On voit alors une ruche, démesurément peuplée d'ouvrières et de mâles, ne pas donner d'essaims.

20. *Les reines mutilées.* — Les reines dont les ailes sont mutilées n'en continuent pas moins de pondre, et, bien qu'il leur soit difficile de fonder une nouvelle colonie, elles pondent des œufs de toute sorte.

21. *Forme des œufs.* — Que les œufs soient destinés à produire des reines, des mâles ou des ouvrières, ils se ressemblent tous et sont fixés de la même manière dans la cellule. Ce sont de petits corps oblongs, un peu recourbés, ayant une extrémité moins grosse que l'autre, mais toutes les deux arrondies, d'un blanc bleuâtre, et fixés au fond des cellules par leur petite extrémité.

22. *Remplacement de la reine.* — La reine qui

vient de partir pour former un essaim, ou qu'un accident a fait périr, n'est pas toujours remplacée immédiatement; ce n'est quelquefois que vingt-quatre heures après et même plus tard.

Cette dernière circonstance a nécessairement lieu quand il n'y a pas de larve dans les cellules royales, ce qui nécessite tout un travail de la part des abeilles afin de donner, à une ou plusieurs larves destinées à devenir de simples ouvrières, tous les soins convenables pour les rendre propres à être fécondées.

25. *Comment les œufs d'ouvrières peuvent produire des reines.* — Les abeilles qui proviennent d'œufs déposés dans des cellules d'ouvrières sont stériles, parce que leurs ovaires ont été comprimés par les parois de ces cellules trop étroites. L'élargissement de ces cellules suffit donc pour les rendre fécondes; on les désigne alors sous le nom de *reines artificielles*.

Elles ressemblent parfaitement aux autres; on a dit seulement qu'elles ne chantaient pas et qu'elles périssaient après une première ponte. Il est douteux qu'on ait vérifié la première de ces assertions; quant à la seconde, elle est quelquefois vraie, mais elle peut être tout aussi bien appliquée aux reines ordinaires.

24. *De quelle manière la reine dépose ses œufs.* — La reine s'occupe sans cesse de la ponte. Elle visite à chaque instant les cellules. Quand une d'elles lui paraît propre à recevoir un œuf, elle se retourne, y fait pénétrer son abdomen et se cramponne en dehors sur tous ses membres. La ponte de l'œuf effectuée, elle continue sa visite. Livrée tout entière à cette fonction, elle ne sort pas de la ruche, dont la chaleur lui est indispensable pour la bien remplir. Elle est, d'ailleurs, très-sensible au froid.

25. *La ruche ne vieillit pas.* — Il résulte de cette ponte continuelle que les abeilles sont sans cesse renouvelées et que la ruche ne vieillit pas, si on a le soin d'enlever une partie des rayons quand la ruche est pleine; la reine seule peut vieillir.

26. *Nombre des abeilles qui naissent par jour.* — Dans le mois qui précède l'essaimage, il naît jusqu'à deux cents abeilles par jour.

27. *Reclusion prolongée de la reine.* — Quoique la jeune reine, renfermée dans sa cellule, puisse en sortir dix-sept jours et demi après l'éclosion de l'œuf qui l'a produite, elle y reste souvent assez longtemps après cette époque; alors les abeilles font à l'opercule un trou par lequel elles passent leur trompe pour lui donner la nourriture qu'elles

lui apportent. Les abeilles s'opposent à sa sortie par une surveillance continuelle, ressoudant avec de la cire nouvelle l'opercule que la jeune reine parvient quelquefois à détacher. Mais lors de l'essaimage, les gardiennes n'étant plus assez nombreuses pour exercer cette surveillance, les jeunes reines parviennent quelquefois à sortir et accompagnent l'essaim ; aussi n'est-il pas rare d'en trouver plusieurs dans les essaims qui suivent le premier.

28. *Son agitation provoque l'essaimage.* — La reine, tourmentée du besoin d'essaimer, agite et provoque toute la population de la ruche, dont une partie se met alors en campagne.

29. *Destruction des nymphes royales.*—Lorsque les circonstances sont défavorables à l'essaimage, la reine visite les cellules royales, les perce sur le côté là où elle doit trouver le ventre de la jeune reine, et plonge son aiguillon entre ses anneaux ; elle détruit de cette manière celles mêmes qui sont à l'état de larves.

30. *Destruction des mâles.* — Après cette destruction, elle ordonne le massacre des mâles, devenus autant de bouches inutiles, puisqu'ils n'ont plus aucun service à rendre.

31. *Son antipathie pour les autres reines ; rareté de deux reines dans une même ruche.* — La

reine a pour ses semblables une telle antipathie, que, aussitôt qu'il en pénètre une dans son sanctuaire, elle la recherche, l'attaque; et de ce combat résulte toujours la mort de l'une des rivales, et quelquefois la mutilation de la survivante. Aussi la présence de deux reines dans la même ruche est-elle excessivement rare, quoique la possibilité de cette présence ait été constatée.

32. *Caractère volage de certaines reines.*—Les reines ont parfois le caractère très-volage, et elles quittent à plusieurs reprises, à très-peu de jours d'intervalle, la ruche qu'on leur a confiée.

Les Romains, qui avaient déjà observé cette circonstance, coupaient les ailes de la reine qui quittait ainsi sa ruche.

§ 2. DES MALES.

33. *Raisons des noms qu'on leur donne.* — Les mâles, désignés aussi sous le nom de *faux bourdons,* à cause du bruit qu'ils font en volant, et de *couveuses* pour les fonctions qu'on leur attribue, sont tellement différents, par leur forme, des ouvrières et de la reine, qu'on les détruit dans certains pays où on les regarde comme des ennemis

des abeilles. Leur organisation ne leur permet de se livrer à aucun travail.

34. *Leur développement.* — Déposés, à une certaine époque de l'année, dans des cellules faites pour eux, les œufs qui doivent les produire suivent les mêmes développements que celui de la reine; mais la nymphe née de ces œufs reste jusqu'au vingt-quatrième jour avant de sortir de sa cellule, circonstance fort importante à connaître lorsqu'on veut provoquer la sortie d'un essaim.

Mâle.

35. *Caractères physiques.* — Le corps des mâles est gros et aplati, d'une forme toute différente de celui de la reine et des ouvrières; l'extrémité postérieure en est toute velue et n'est pas armée d'un aiguillon; il est uni au corselet sans rétrécissement. Leurs yeux sont très-gros et se réunissent au sommet de la tête; leurs mandibules sont très-faibles et leur trompe fort courte.

36. Les mâles éclosent au printemps, ou bien

en juillet et août, suivant les pays; leur nombre est parfois considérable; il peut y en avoir de quinze cents à trois mille dans de fortes ruches; et l'on sait qu'ils peuvent devenir bien plus nombreux encore.

37. *Leurs fonctions.* — Leur principale fonction consiste à féconder la reine, et encore n'y en a-t-il qu'un seul parmi eux qui jouisse de ce privilége.

38. *Leur union à la reine.* — Ce mariage se fait dans les airs, soit que la reine ait choisi un mâle avant sa sortie, soit qu'elle le rencontre par hasard. Et, comme les mâles ne sortent que de onze heures à trois, c'est à ce moment de la journée que l'on peut reconnaître que le mariage a eu lieu, en voyant la reine revenir chargée des organes qui ont servi à la féconder. Aussi le mâle périt-il à la suite de cette union.

39. *Leurs mœurs.* — Les mâles sont de mœurs très-paisibles, s'écartent peu de leur domicile, et on ne les voit jamais s'arrêter sur les fleurs.

A l'intérieur, ils ne se livrent à aucun travail, et la présence des visiteurs ne produit chez eux aucune émotion, aucun mouvement.

40. *Leur fin.* — Ils n'ont pas d'arme pour se défendre; aussi succombent-ils facilement aux attaques des ouvrières. Lorsque celles-ci ont reçu

de la reine le signal de leur destruction, une partie de l'essaim se précipite sur les victimes; d'autres abeilles en grand nombre voltigent autour de la ruche. La plupart des mâles sont frappés à mort entre les rayons, et leurs corps sont transportés hors de leur demeure. Quelques-uns évitent les premiers coups et sortent de la ruche; mais ils sont poursuivis par leurs bourreaux, qui ne les quittent qu'après avoir exécuté les ordres impitoyables de la reine.

Le mâle, percé d'un coup d'aiguillon, tombe à terre; frappé de paralysie d'un côté, il se traîne encore quelque temps à l'aide des membres du côté opposé, cherchant à éviter de nouvelles attaques; mais c'est en vain. Bientôt il s'arrête, s'étend sur la poussière, fait encore quelques efforts pour se relever, tombe de nouveau, puis expire.

41. *Cause pour laquelle les abeilles les conservent.* — Si la reine vient à mourir avant le massacre des mâles, les ouvrières les conservent précieusement tout l'automne et même jusqu'en hiver; circonstance importante qui avertit l'éducateur de présenter à ces prévoyantes ouvrières du couvain capable de fournir une nouvelle reine.

42. *Odeur qu'ils répandent.* — Dans le temps

de l'essaimage, les mâles sont plus en mouvement que de coutume; ils répandent une odeur fort remarquable, présage d'un essaimage prochain : mais ils ne font pas partie de la colonie qui quitte la ruche; quelques-uns seulement s'y trouvent entraînés par le tourbillon des abeilles.

43. *Les petits mâles.* — Les mâles qui, par accident, ont pris naissance dans des cellules d'ouvrières sont beaucoup plus petits que les autres; mais ils sont toujours en très-petit nombre.

44. *Caractère de l'opercule.* — Avant que les mâles soient éclos, on reconnaît les cellules qui les contiennent à l'opercule qui les recouvre; il est saillant, bombé, arrondi, fortement séparé des autres, et souvent bien moins fauve que celui des ouvrières.

§ 3. DES OUVRIÈRES.

45. *Leur sexe.* — Il est reconnu et parfaitement constaté que les ouvrières ne sont point des mulets, qu'elles sont de nature femelle, et que, si elles ne sont pas fécondes, elles étaient susceptibles de le devenir, si elles avaient été entourées, à un certain âge, de soins et de circonstances convenables.

46. *Leur développement; le couvain.* — Déposés dans ces cellules qui forment la masse presque générale des rayons, les œufs qui doivent donner les ouvrières y restent aussi trois jours avant de donner naissance au ver. Ce ver rompt son enveloppe par la partie dorsale, que l'on trouve plissée sous son ventre. Il est peu apparent le premier jour; mais, le second, il prend la forme d'un croissant dont les pointes arrondies se rapprochent l'une de l'autre à la fin du troisième jour, après lequel il recouvre tout le fond de l'alvéole. C'est ce ver qu'on appelle *larve*, mot qui veut dire caché, parce que sous cette forme que nous ve-

Le couvain.

nons de décrire se cache celle de l'abeille. La réunion des larves renfermées dans toutes les cellules constitue ce qu'on appelle le *couvain*. Le ver est sans pattes ni ouverture anale. Le cinquième jour après sa sortie de l'œuf, il remplit toute sa cellule, dans laquelle les abeilles ont toujours eu le soin de déposer une sorte de bouillie qui lui a servi de nourriture et qui est composée de pollen et de miel. Le sixième jour, les abeilles recouvrent la larve d'un opercule en cire qui est légèrement saillant, bombé, arrondi, d'une couleur fauve, d'apparence veloutée, sans transparence aucune. Chacun de ces couvercles est parfaitement séparé de ses semblables par un sillon qui contourne les rebords de la cellule. C'est sous ce couvercle que la larve se file une coque, qu'elle met trente-six heures à terminer. Elle reste alors en repos, et, trois jours après, elle prend la forme de nymphe, qu'elle garde sept jours et demi avant de devenir abeille parfaite. Alors elle rompt la membrane qui sert d'opercule en la déchirant à la circonférence; elle la pousse avec la tête, s'en sépare complétement ou n'y reste plus attachée que par un petit point; puis, dégageant ses premières pattes, elle les appuie sur le bord de la cellule et s'en sert pour s'aider à sortir le reste du corps. L'abeille met vingt et un jours à se développer entièrement.

47. *Caractères physiques.* — Elle a quatre ailes presque aussi longues que le corps ; deux yeux

Nourricière.

Cirière.

séparés l'un de l'autre, ovales, bosselés, à facettes hexagonales en nombre immense. Elle a de plus, sur le sommet de la tête, trois petits yeux qui sont plats. Cette tête présente encore deux antennes fort mobiles, une longue trompe et de fortes mandibules.

L'abdomen est composé de six anneaux qui se recouvrent les uns les autres et n'embrassent pas tout le corps ; ils se terminent sur les côtés en s'arrondissant, et d'autres anneaux en égal nombre naissent sous le ventre et s'articulent avec ceux du dos ; ils sont lâches, béants, surtout les quatre du milieu, qui forment de véritables sacs qu'on voit très-bien en tirant un peu l'abdomen en arrière. C'est dans ces sacs que se forme la cire avec laquelle les abeilles construisent les rayons. Le dernier anneau renferme un aiguillon assez fort, habituellement rentré, et qui, pour l'attaque, s'allonge perpendiculairement au corps. Il tient à une vésicule toujours remplie d'un venin des plus âcres dont on voit souvent une gouttelette à l'extrémité de l'aiguillon. Cette vésicule est collée à l'intestin; aussi, lorsqu'une abeille pique, elle perd non-seulement son aiguillon, mais encore cette partie de l'intestin, ce qui la fait périr.

L'abeille ouvrière a six pattes. Le premier article des troisièmes pattes porte en dedans une véritable *brosse* de poils courts et serrés.

En dehors, la jambe présente une concavité tout entourée de poils roides qui forme une sorte de *corbeille*.

L'abeille a deux estomacs, dont le premier jouit de la faculté de pouvoir dégorger le miel qu'il reçoit. Le second en est séparé par un rétrécissement assez long; il sert à digérer les aliments de l'abeille, qui consistent tous en miel, en corps sucrés et en eau. Elle a un anus très-prononcé, qui lui sert à rendre des excréments jaunes qu'elle lance parfois en très-grande abondance et qui font des taches fort résistantes.

De la bouche des abeilles sort une trompe qui n'est pas creuse, comme on l'a cru longtemps; elle leur sert à récolter le miel qui est sur les plantes, ce qu'elles font en lui imprimant une sorte de mouvement assez analogue à celui d'un chien qui lape.

48. *Son état au moment de sa naissance.* — En sortant de sa cellule, la jeune abeille est tout humide, grisâtre, très-faible. Pendant plusieurs mois, elle porte un point blanc sur le dernier anneau. Ses premiers pas sont dirigés vers quelque cellule qui contient du miel, dont elle prend une petite quantité; puis elle va au soleil pour se sécher. Là les vieilles abeilles la lèchent pour l'essuyer, et bientôt elle se livre au travail.

49. *Leurs mœurs.* — La plus grande intelligence, la plus douce union règne entre les innombrables abeilles qui composent une ruche. L'entente de leurs travaux est des plus parfaites; mais autant elles se supportent facilement entre elles, autant elles sont terribles pour les étrangères qui viennent les visiter. Elles leur livrent des combats sans pitié : c'est une lutte à mort, quelque nombreuses que se présentent les nouvelles venues.

50. *Leur irritation contre les visiteurs indiscrets, quelle que soit la couleur de leurs vêtements.* — L'attachement qu'elles portent à leur habitation les conduit à chasser intrépidement les visiteurs qui en approchent de trop près et qui se livrent à des mouvements qui les inquiètent. Elles

ne tiennent aucun compte de la couleur des habits ni de celle des cheveux des personnes qui les approchent. On a dit à tort que la couleur blanche ne les irritait pas. J'ai vu des chapeaux de feutre blanc tout couverts de leurs aiguillons lors d'une visite faite à l'intérieur d'une ruche en temps inopportun.

51. *Parties du corps qu'elles attaquent de préférence.* — Leur fureur est telle, qu'elles piquent indistinctement toutes les parties du corps ; mais elles semblent attaquer de préférence la figure et les mains, et la rapidité de leur attaque est si instantanée, fussiez-vous couverts de miel ou d'odeurs repoussantes, qu'elles vous atteignent tout d'abord. Quand l'une d'elles vous suit pour vous piquer, elle décrit plusieurs cercles autour de vous, en faisant un bruit aigu, strident, et bientôt elle se jette sur le point qu'elle a visé et y laisse son aiguillon.

Lorsqu'on est ainsi menacé, il faut se pencher tout doucement à terre ou se retirer à l'ombre sans se presser.

52. *Époques où elles sont le plus terribles.* — Il y a telle influence atmosphérique sous laquelle elles sont plus ou moins abordables, et telle époque de leurs occupations intérieures qui permet

de les visiter avec plus ou moins de sécurité.

Ainsi, par les temps couverts ou pluvieux, et pendant la grande ponte, elles sont terribles ; au contraire, par une forte chaleur, pendant l'orage même, elles sont calmes.

53. *Personnes privilégiées.* — Certaines personnes cependant sont peu attaquées par les abeilles ou, pour mieux dire, sont insensibles à leur piqûre. Celles que j'ai rencontrées jouissant de cet heureux privilége avaient les cheveux noirs et plats, le teint brun, les formes osseuses.

54. *Les abeilles n'attaquent pas dans les champs.* — Les abeilles répandues sur les plantes dans les champs n'attaquent jamais les promeneurs ; on peut alors les examiner tranquillement et sans danger, et se rendre compte de la manière dont elles sucent le miel ou se chargent de pollen.

55. *Mœurs particulières des diverses espèces.* — Parmi les espèces cultivées, la petite hollandaise ne se défend pas avec moins de fureur que les autres ; mais elle se calme plus vite et ne garde pas rancune, tandis que la première espèce vous attaque, vous poursuit à toutes les distances et toutes les fois que vous retournez au rucher, si vous l'avez visité un jour inopportun.

Il y a parfois des essaims plus méchants que

d'autres, et les cultivateurs les désignent pour être tués lors de la récolte. J'ai remarqué que ces essaims étaient toujours composés d'abeilles de la première espèce. J'accuse encore cette espèce de quitter la ruche sans raison en mars et en octobre ; elle pourrait bien être aussi plus portée au pillage que la petite hollandaise.

56. *Elles ne s'apprivoisent pas.* — On parle de l'apprivoisement des abeilles ; on dit que, visitées fréquemment par la même personne, surtout si elle est vêtue toujours de la même manière, elles ne l'attaquent pas. Ah ! sans doute! promenez-vous dans votre rucher, ayez le soin de ne pas vous mettre dans le vol de vos abeilles, ne soulevez les ruches que par les temps froids, après les avoir enfumées, et vous pourrez espérer qu'elles vous respecteront ; mais cherchez à détruire les teignes qui les ruinent pendant le fort des travaux, taillez-les en été pour faire de la place à de nouvelles provisions, ouvrez vos ruches par certains temps, et vous serez forcé d'avouer que vos abeilles ne sont pas du tout apprivoisées.

57. *Elles perdent souvent la vie à la suite de leurs piqûres.* — L'abeille qui vous pique laisse dans la plaie l'aiguillon, et une partie de ses intestins sort de son abdomen, si vous la chassez brus-

quement. Si, au contraire, vous êtes doué d'une grande patience, elle retire quelquefois son dard en le tournant à plusieurs reprises autour du point où il est fixé.

L'abeille qui vous a piqué périt ordinairement ; mais rien n'arrête son courage ; elle s'est vengée d'un ennemi et l'a fait fuir par la douleur qu'elle lui a causée.

58. *Nourriture des abeilles.* — J'ai dit que les abeilles se nourrissaient de miel et de matières sucrées ; elles mangent aussi du pollen, comme on peut le voir quand il en est tombé quelques pelotes sur le tablier. Mais est-ce bien pour s'en nourrir ou pour le porter aux vers ; c'est ce qui n'a pas été vérifié. Toujours est-il qu'on en a trouvé dans leur estomac.

59. *Les paresseuses ; barbe faite par les abeilles.* — On a dit qu'il y avait des abeilles paresseuses ; on a même, dans de très-bons livres, donné des moyens pour les exciter au travail. Dans le temps de leur prétendue paresse, elles se réunissent en dehors de la ruche et forment des masses qui ne ressemblent pas mal à certaines barbes antiques.

Aussi dit-on alors qu'elles font la barbe. Mais cette paresse tient à ce que la ruche est pleine ; car, si on ôte quelques rayons, elles se remettent tout de suite à la besogne, et c'était l'apiculteur qui était paresseux.

60. *Elles sont quelquefois pillardes ou méchantes.* — Les abeilles sont parfois méchantes, pillardes et peu généreuses. Dans ce cas, c'est sur les ruches faibles qu'elles se jettent; elles les ravagent de fond en comble; de forts essaims se jettent aussi sur de bonnes ruches, quand ils ont tout dépensé.

Elles se précipitent quelquefois sur tous les visiteurs ou sur les personnes qui travaillent auprès du rucher. On a même vu un paralytique, assis au beau soleil, recevoir un si grand nombre de leurs piqûres, qu'il faillit en périr.

Réunies hors de la ruche, pour chercher une nouvelle demeure, sous forme d'essaim, elles sont rarement méchantes. On a vu cependant un vieux praticien, qui recueillait un essaim, être si maltraité, qu'il en mourut quelques jours après.

61. *Perte de la reine.* — A la mort de la reine, ou après son enlèvement, les abeilles sont, pendant tout un jour, ou seulement pendant quelques heures, dans une grande colère; puis elles cherchent à s'en procurer une autre, et, si elles ne réussissent pas, elles continuent leurs travaux, au lieu de se livrer à l'anarchie, comme on l'a dit, péris-

sent peu à peu, et la ruche s'éteint insensiblement.

Si, lors de la perte de leur reine mère, les mâles existent encore, elles les conservent et les respectent, parce qu'elles espèrent qu'ils pourront un jour leur être utiles.

62. *Durée de la vie des ouvrières.* — La vie des ouvrières ne paraît pas de longue durée; on estime qu'il en meurt un tiers en automne et autant pendant l'hiver et à l'approche du printemps.

63. *Causes de leur mort.* — Cette vie si active, que nécessitent les besoins incessants de la ruche, doit épuiser jusqu'aux plus fortes d'entre elles, qui sont heureusement sans cesse remplacées par de nouvelles. Celles qui passent l'hiver ne présentent plus, sur leur dernier anneau, qu'un point qui est jaunâtre, au lieu d'être blanc comme dans la jeunesse de l'abeille. Ce point finit même par disparaître complétement. Dans la vieillesse, leurs ailes sont frangées, leur corps semble desséché, et elles paraissent beaucoup moins actives.

64. *Action du froid sur elles.* — Exposées directement à une température de trois ou quatre degrés au-dessus de zéro, et par un temps humide, elles perdent momentanément l'existence; mais en les réchauffant on les fait revenir facilement à la

vie. La reine est surtout très-sensible au froid.

Agglomérées au contraire dans leurs ruches, elles bravent les températures les plus basses. On peut entendre, au milieu de la nuit, le bruit qu'elles font en paraissant se frotter les unes aux autres pour se réchauffer.

65. *Influence d'un hiver égal.* — Un hiver continuellement froid est loin d'être nuisible aux abeilles; elles supportent bien cette température. Leur appétit n'étant pas, d'ailleurs, excité par des courses inutiles provoquées par l'apparence d'un beau temps, elles ménagent leurs provisions.

66. *Manière dont elles prennent leurs vivres pendant l'hiver.* — Pendant ces froids, les abeilles ne se dérangent point pour prendre la nourriture dont elles ont besoin; celles qui sont sur les alvéoles remplis de miel détruisent la pellicule qui le recouvre, puis y plongent leur trompe et la présentent ensuite à leurs voisines, qui, de proche en proche, font parvenir ce miel aux plus éloignées.

67. *Pellicules provenant des couvercles; pellicules de cire provenant des anneaux.* — Aussi, à cette époque, le tablier est-il couvert de pellicules sans formes, hachées et découpées de toutes manières, ce qui les distingue très-bien de celles que l'on trouve à l'époque des premières

constructions. Ces dernières pellicules sont autant de pentagones irréguliers toujours blancs, peu nombreux, évidemment échappés aux abeilles pendant la construction des rayons. Ces pentagones irréguliers se forment dans les espèces de sacs que les abeilles ont sous le ventre, et c'est lorsqu'elles les détachent avec une sorte de dent qu'elles ont à leurs pattes, qu'elles les laissent tomber en les portant à leur bouche.

68. *Nécessité de l'eau.* — Les abeilles sont avides d'eau, et elles semblent préférer les eaux qui sont croupissantes, celles surtout qui contiennent des urines; ce qui s'explique par la petite quantité de sucre que renferment ces eaux, quelque insignifiante qu'on puisse la supposer.

69. *Action des gaz.* — Il y a des gaz ou vapeurs délétères auxquels les abeilles ne résistent pas, et d'autres qui ne suspendent leur existence que momentanément.

Bruissement. — Elles n'ont d'autre moyen de résister à ces influences pernicieuses qu'en battant des ailes, ce qui occasionne un bruit qu'on désigne sous le nom de *bruissement*, pendant lequel elles se cramponnent sur les rayons, sans chercher à inquiéter celui qui les traite.

70. *Groupes qu'elles forment dans la ruche.*

— Les abeilles, rentrées dans leur ruche, ne se logent point dans les cellules ; elles s'attachent les unes aux autres et forment des sortes de guirlandes. C'est leur manière de se reposer.

Mais, quand on les a asphyxiées, on en trouve un grand nombre dans les cellules où elles ont plongé la tête et le corselet pour se dérober à l'action malfaisante des vapeurs ; on les y trouve encore lorsqu'en voulant y prendre le reste de leurs provisions, elles y périssent d'inanition.

71. *Leur transpiration.* — Les abeilles transpirent beaucoup, et on voit, dans certains temps, leur sueur ruisseler sur le tablier, en si grande abondance, que l'on croit que c'est le miel qui coule.

72. *Les nourricières ; leurs caractères physiques.* — Parmi les ouvrières, il en est qui sont particulièrement chargées d'aller récolter la nourriture et d'apporter tous les matériaux nécessaires à l'entretien de la ruche. C'est pour cette raison qu'elles sont nommées *nourricières*. Elles ont l'abdomen fort petit, ovoïde, ramassé sur lui-même (page 23, 1re figure), et sont d'une prodigieuse activité.

73. *Moyen de les reconnaître.* — Ces formes sont faciles à saisir lorsque la ruche est ouverte et

que les pourvoyeuses reviennent, toutes chargées de pollen, se mêler à celles qui sont désignées sous le nom de *cirières*.

On les reconnaît facilement encore quand on soulève la ruche dans le fort du travail, et qu'on la porte à une petite distance. Toutes celles qui reviennent, le lendemain et les jours suivants, à la place qu'elles occupaient sont des nourricières.

74. *Elles ne peuvent que récolter et ne construisent pas.* — Leurs occupations sont tellement spéciales, que réunies seules avec une reine et des mâles, dans une ruche sans rayons ou avec des rayons, elles ne construisent rien, elles ne jettent plus au dehors les cadavres des mâles ou de celles d'entre elles qui viennent à succomber, et ne donnent aucun soin aux larves qu'on leur confie. La reine n'ayant plus de place pour pondre, la population ne se renouvelle pas et la ruche périt.

75. *Distance qu'elles parcourent.* — Généralement les nourricières s'éloignent peu du rucher, tant que ses alentours fournissent des provisions; mais elles peuvent aller fort loin, ce qui n'est pas très-avantageux, tant il en périt dans de longues courses.

76. *Elles sont les maréchaux des logis des essaims.* — Il est bien reconnu que les abeilles ont

des chercheuses de logis, lorsqu'elles veulent fonder une colonie. Ce sont probablement les nourricières qui sont chargées de ce soin.

77. *Provisions récoltées par les nourricières; miel; miellée; miellée des pucerons.* — Le matin, avant de partir pour les champs, ce qu'elles font de très-bonne heure, elles examinent avec soin la température et l'état de l'atmosphère. Si elles ne sont pas satisfaites de cet examen, elles rentrent et attendent. Mais dans les beaux jours, aux premiers rayons du soleil, on les trouve déjà butinant sur les points que cet astre éclaire, en introduisant leurs trompes dans la corolle des fleurs, pour s'emparer du *miel* qui se trouve à la surface des nectaires et autour du pistil.

Elles le puisent aussi sur les tiges et les feuilles de certaines plantes qui se couvrent d'une substance sucrée nommée *miellée;* elle est le produit d'une transsudation.

Elles s'emparent encore des excréments des pucerons, qu'on appelle *miellée des pucerons*, et elles en font un excellent miel.

Elles récoltent les sirops de sucre, de mélasse, de g'ucose qui sont mis à leur disposition, et elles en convertissent une grande partie en miel, dans lequel on a trouvé 30 pour 100 de sucre cristallisable.

78. *Cellules où est déposé le miel.* — Arrivé dans l'estomac, le miel est débarrassé de toutes les matières étrangères qu'il peut contenir; puis il est déposé indistinctement dans toutes les cellules, mais plus particulièrement dans celles du haut de la ruche, et, lorsqu'il y a de la place dans cette partie, les abeilles allongent démesurément les cellules qui s'y trouvent, pour y en loger davantage. Lorsqu'une cellule est à peu près remplie, les abeilles lui font un couvercle qui commence par le bas et finit par le haut de l'ouverture de la cellule. Ce couvercle est plat, parfois déprimé et très-mince, laissant voir la couleur du miel.

79. *Récolte du pollen.* — Les pelotes rouges, jaunes, violettes et d'autres couleurs, que les abeilles apportent à leurs pattes, proviennent de la poussière qui se trouve sur cette partie des fleurs qu'on appelle *étamines*. Cette poussière a été désignée par les botanistes sous le nom de *pollen*.

Ces pelotes sont arrondies, quelquefois assez inégales et à surface poussiéreuse. Pour s'emparer du pollen, l'abeille se roule dans les fleurs et en charge tous ses poils; puis elle se brosse tantôt d'un côté, tantôt de l'autre, et elle le fixe dans cette corbeille qui est située à la partie externe de sa jambe. Ces pelotes, quelquefois fort grosses et quelquefois assez petites, sont toujours de la même couleur à chaque jambe, ce qui prouve que les abeilles ne butinent à la fois que sur le même genre de plantes.

Lorsque les étamines ne sont pas à l'état poussiéreux, les abeilles déchirent la membrane qui renferme le pollen et saisissent ensuite cette matière avec leurs mandibules, puis elles la passent de patte en patte jusqu'à la dernière.

80. *Dépôt du pollen dans les cellules.* — Arrivées sur le tablier avec leurs provisions, les abeilles se brossent de nouveau pour grossir leurs pelotes, puis elles montent sur les rayons et cherchent l'alvéole où elles ont commencé leur dépôt. Elles y introduisent les deux pattes, se les frottent et les débarrassent ainsi des pelotes dont elles étaient chargées. Elles se retirent aussitôt et retournent à la hâte aux champs.

C'est surtout dans la matinée qu'on peut voir les abeilles revenir chargées de cette précieuse matière, et elles en apportent beaucoup. Réaumur a fait des observations qui en élèveraient la récolte annuelle à 50 kilogrammes pour une bonne ruche.

81. *Usage du pollen.* — Suivant quelques observateurs, cette matière sert à la formation de la

cire ; d'autres l'ont appelée *le pain des abeilles*, parce qu'ils pensent qu'elles s'en nourrissent. Ces deux opinions sont également erronées. Le pollen n'est apporté à la ruche que lorsqu'elle contient des vers, des larves ; mais, si la reine périt ou cesse de pondre, les abeilles n'en apportent plus. Elles en font des dépôts parfois assez considérables ; mais il est destiné aux vers qui viendraient à naître dans la saison où il n'y a pas de fleurs. On en trouve quelquefois une telle quantité dans les ruches mortes, que bien évidemment il ne sert pas de pain aux abeilles.

82. *Son utilité.* — C'est le condiment, l'assaisonnement de l'aliment des larves, qui ne peuvent vivre quand elles ne reçoivent que du miel. Ce fait a une grande importance pratique, et il est extrêmement utile d'en répandre la connaissance, parce que les cultivateurs qui pensent que le pollen sert à former la cire laissent vieillir leurs ruches dans l'espérance d'avoir une plus grande quantité de cette matière. Il arrive précisément le contraire ; car les vieux rayons en contiennent fort peu.

83. *Manière dont le pollen est réuni dans les cellules.* — Les pelotes de pollen apportées par les nourricières sont pressées par d'autres abeilles,

afin qu'elles forment une masse compacte. L'alvéole qui les contient n'est jamais aussi rempli que ceux qui renferment du miel, et il n'est pas recouvert par un opercule, comme un examen plus attentif me l'a fait voir.

84. *Cellules qui reçoivent le pollen.* — C'est particulièrement auprès du couvain que les abeilles déposent le pollen ; mais surtout en bas et sur les côtés, et plus spécialement dans les cellules d'ouvrières. Il est rare d'en voir dans le haut de la ruche, parmi les alvéoles pleins de miel ; mais on en trouve souvent au fond de quelques cellules, où il est recouvert par cette substance.

85. *Utilité des abeilles pour la fécondation des plantes.* — Les abeilles, en cherchant le pollen, facilitent singulièrement la fécondation des plantes, et Bosc dit que cet avantage l'emporte de beaucoup sur celui que l'on retire du miel et de la cire. On sait que les abeilles ne fréquentent que les mêmes plantes à la fois, dussent-elles ne rapporter que très-peu de pollen ; elles ne produisent donc point les variétés et les dégénérescences dont on les accuse parfois.

86. *Récolte de la propolis ; nature de cette substance.* — Pour assurer la salubrité de leur demeure en la garantissant de l'humidité et des

courants d'air, et pour mettre obstacle au passage de leurs ennemis, les abeilles récoltent sur les plantes une matière qu'elles rapportent également aux brosses de leurs pattes.

On nomme *propolis* cette matière qui est d'une nature toute différente de celle du pollen.

La propolis est une substance résineuse, fort tenace, agglutinative, molle pendant les chaleurs, sèche et cassante par le froid, de couleurs variables, blanche, jaunâtre ou rougeâtre, et formant, par conséquent, des masses marbrées. Elle a une odeur aromatique et un goût amer ; elle se dissout dans l'esprit-de-vin, l'éther et la térébenthine.

87. *Forme et emploi des pelotes de propolis.* — Les pelotes de propolis que les abeilles forment dans leurs corbeilles sont arrondies, lisses, brillantes, transparentes, poisseuses et coulant facilement. Lorsqu'il y a une fente à une ruche, les abeilles qui rentrent chargées de cette matière viennent se fixer auprès, et d'autres abeilles la leur arrachent avec des mandibules pour la mettre sur cette fente.

88. *Époque où les abeilles en apportent.* — La propolis est récoltée sans doute au printemps, lorsque le besoin s'en fait sentir ; mais c'est sur-

tout à la fin de l'été et en automne qu'on en voit les abeilles chargées.

89. *Est-ce sur les bourgeons des arbres que les abeilles la prennent?* — Bien que personne, jusqu'à ce jour, n'ait vu les abeilles se charger de cette matière sur les plantes, tous les auteurs n'en ont pas moins répété que c'était sur les bourgeons des saules, des peupliers et des pins qu'elles la trouvaient et que c'était à l'approche de l'essaimage qu'elles en rapportaient. Mais, à cette époque, il n'y a déjà plus de bourgeons, et la matière qui couvre ceux du printemps ne se trouve pas sur ceux d'août et de septembre. Et puis, quoique cette matière ait, à l'analyse chimique, beaucoup de ressemblance avec la propolis, elle est identique de couleur, et la propolis en a plusieurs. Ces raisons devraient faire rechercher les autres parties des plantes qui peuvent la contenir, et il y a, à ce sujet, plusieurs hypothèses. Pour moi, j'ai cru remarquer que c'étaient les anthères des étamines non encore poussiéreuses qui la fournissaient aux abeilles. C'est pour extraire la matière huileuse, aromatique contenue dans les anthères avant leur état poussiéreux que les abeilles déchirent la membrane qui la recouvre. Si mon opinion est fondée, elle explique les nuances des couleurs que la pro-

polis affecte. Toujours est-il que j'en ai rarement vu au printemps, mais toujours en août et en septembre, et c'est en juillet que Réaumur et Huber l'ont vue pour la première fois.

90. *C'est en automne qu'elles doivent la récolter.* — Au printemps, les abeilles ont trop à faire pour la nourriture de leurs petits pour s'occuper de faire cette récolte. D'ailleurs il va faire beau, et elles n'ont pas à craindre l'humidité et le froid. Mais, à la fin de l'été, il y a peu de couvain ; le temps va devenir mauvais, il faut s'abriter. C'est donc à cette époque qu'elles se livrent à la recherche de cette substance.

91. *Les abeilles vont sur les fruits; mais ce ne sont pas elles qui les déchirent.* — Si l'on rencontre les abeilles sur les fruits, dont elles sont même très-avides, ce n'est que lorsqu'ils ont été déchirés par d'autres insectes dont les mandibules sont plus puissantes.

92. *Sable dont les abeilles se chargent.* — Quant au sable dont les anciens ont dit que les abeilles se chargeaient pour se lester contre le vent, il est fort possible qu'elles en enlèvent quelques grains qui s'attachent à leurs ailes ou à leurs pattes lorsqu'elles parcourent les plantes qui croissent dans les terrains sablonneux, et qu'elles rentrent

ainsi chargées dans leurs ruches; car il n'est pas probable que les anciens, qui ont si bien observé ces insectes, aient confondu l'abeille maçonne avec celle qui leur fournissait le miel, qui était pour eux une snbstance si précieuse.

93. *Les cirières.* — Certaines abeilles ouvrières ont le corps cylindrique, allongé (page 23, fig. 2); elles sont bien plus grosses que les nourricières : ce sont celles qui ont été désignées sous le nom de *cirières,* parce qu'elles construisent les édifices.

94. *Caractères physiques.* — La forme des cirières est tellement allongée, qu'elles ressemblent beaucoup à de jeunes reines.

Mais il est très-facile de ne pas les confondre avec elles, car elles s'en distinguent toujours par leur couleur foncée, qui est générale, par l'absence complète de jaune à leurs pattes, et par la longueur de leurs ailes, qui se prolongent aussi loin que l'abdomen.

On les reconnait très-facilement quand les nourricières, chargées de pollen, passent au milieu d'elles.

La forme allongée de leur corps est très-propice au genre de construction qu'elles sont appelées à établir. La capacité plus grande de leur ventre leur permet, d'ailleurs, de consommer plus de miel et de sécréter une plus grande quantité de cire.

95. *Ce sont elles qui soignent l'intérieur de la ruche.* — Outre qu'elles construisent les édifices, les cirières sont chargées de donner toutes sortes de soins soit aux larves, soit aux reines. Elles arrachent aux nourricières la propolis qu'elles apportent à leurs pattes, et l'emploient à boucher les fentes.

96. *Elles réparent les alvéoles.* — Elles réparent la cellule d'où une abeille est sortie, et enlèvent la pellicule dont s'est débarrassée la larve en passant à l'état de nymphe, ainsi que celle qui entourait l'œuf. C'est un soin nécessaire, parce que la présence de ces matières empêcherait la reine de pondre.

97. *Elles vont à la recherche du miel.* — On a dit qu'elles ne sortaient que pour aller boire. Cependant il rentre un bien grand nombre d'abeilles non chargées de pollen dans le temps des grands travaux. J'en ai écrasé quelques-unes, et je les ai toujours trouvées pleines de miel. Les cirières ne concourraient-elles point à la recherche de cette provision?

98. *Elles disposent le pollen dans les cellules.* — Quand une nourricière a déposé ses pelotes de pollen dans une cellule, on voit sortir d'un groupe

du voisinage une cirière, qui, fort gravement, se dirige vers cette cellule, y plonge la tête, et broie et comprime ces pelotes; puis elle retourne à la place qu'elle occupait.

99. *Elles sont les gardiennes de la ruche.* — S'il survient quelque ennemi puissant, les abeilles se réunissent en nombre plus ou moins grand pour le chasser ou le détruire. Cet instinct de conservation, qui est partagé par les nourricières, porte les abeilles à garder constamment les entrées de la ruche, et les cirières, à qui cette garde est confiée, sont relevées de leur fonction avec la plus grande exactitude. Elles font, en outre, de véritables rondes soit sur le tablier, soit sur la ruche.

100. *Leurs précautions en cas de danger.* — Lorsqu'il se passe quelque chose d'extraordinaire dans une des ruches du rucher, toutes les abeilles des autres ruches centuplent leurs gardiennes, forment devant les entrées une masse impénétrable et semblent s'apprêter à une rude défense. C'est à grand'peine que les nourricières parviennent à rentrer dans la ruche, chargées de leur fardeau.

Dans ce moment, les abeilles cessent tous leurs travaux ordinaires.

101. *Leurs moyens intérieurs de défense.* — On les a vues souvent construire à l'intérieur de la

ruche de véritables chemins de ronde, par où des ennemis trop gros ne pouvaient passer, ou bien encore obstruer des entrées trop larges. C'est avec de la propolis qu'elles font ces constructions.

102. *Elles transportent les cadavres.* — Soigneuses d'assurer la salubrité de leur habitation, elles n'y laissent pas séjourner les cadavres des abeilles qui périssent ou des ennemis qu'elles ont tués.

103. *Elles scellent ou recouvrent de propolis les cadavres qu'elles ne peuvent expulser.* — Elles recouvrent de propolis les corps de leurs ennemis qu'elles ne peuvent enlever, afin de ne pas en être infectées.

Les limaçons qui parviennent à pénétrer dans leur demeure sont forcés de rentrer dans leur coque, et aussitôt ils sont soudés aux parois de la ruche au moyen de cette matière; alors ils périssent et se dessèchent dans leur coquille.

104. *Leurs précautions contre des corps inertes.* — La prévoyance des abeilles à l'égard de ces sortes d'ennemis est telle, que, ne pouvant apprécier tous les risques qu'elles courent par la présence de corps étrangers introduits à dessein ou non dans leur demeure, elles les soudent immédiatement à la ruche.

105. *Leur moyen de renouveler l'air.* — Elles ne souffrent aucun air stagnant dans leur habitation; elles le renouvellent en agitant très-vigoureusement et très-rapidement leurs ailes soit à l'intérieur, soit au devant des entrées. Dans cette opération, qui a surtout lieu pendant les grandes chaleurs de l'été, elles se tiennent cramponnées au tablier sur leurs six pattes, l'abdomen fortement porté en haut et tendu, le corselet plus bas et la tête légèrement relevée. Leurs ailes s'agitent avec une telle vivacité, qu'on ne distingue pas leur mouvement; le bruit qui en résulte, en brisant l'air ambiant et celui qui sort du trou qui est au corselet, sous les ailes, cause dans l'intérieur de la ruche un bruissement fort remarquable.

Les cirières qui sont chargées ainsi, pendant l'été, de renouveler l'air, sont relevées avec soin toutes les dix minutes ou tout au plus après un quart d'heure.

106. *Ce bruissement s'entend dans tous les temps, même en hiver.* — Ce battement des ailes est tellement nécessaire pour renouveler l'air, que, par les froids les plus intenses, on entend encore le bruissement qui en résulte. Pour cela, il faut approcher l'oreille très-près de la ruche et la frapper légèrement; le bruissement devient alors très-clair;

son intensité ou sa légèreté indiquent le nombre plus ou moins considérable des abeilles qui composent l'essaim et permettent d'en apprécier la valeur.

107. *Soins des cirières pour la reine.* — Ce sont les cirières qui prodiguent les soins les plus empressés à la reine. Elles lui présentent, sur leur trompe, le miel dont elle peut avoir besoin; quelques-unes la suivent partout dans le travail de la ponte et font autour d'elle un cercle nombreux. S'il lui arrive quelque accident, elles redoublent d'attention, comme, par exemple, lorsque du miel vient à la couvrir ou qu'elle tombe dans la poussière. Alors elles ne la quittent que lorsque, à l'aide de leur trompe et de leurs mandibules, elles l'ont débarrassée des corps qui la gênaient. Combien de fois ne les ai-je pas vues rester longtemps et en grand nombre auprès d'un cadavre de reine, y passer la nuit et le jour, cherchant par leurs soins, lors même qu'elles pouvaient en périr, à la rappeler à la vie.

108. Quand la reine est trop terrible, les cirières gardiennes des jeunes reines serrent leurs rangs, la mordent et la forcent de s'éloigner des alvéoles royaux, que, dans sa fureur, elle veut détruire.

109. *Elles font l'office de balayeuses.* — De

distance en distance, on voit sur les rayons une cirière se trémoussant les ailes d'une manière toute singulière, dans le but bien présumable de balayer la poussière que les nourricières laissent en portant leurs provisions. L'importance que ces abeilles ont l'air de se donner est fort curieuse. Ainsi elles ont les antennes et la tête relevées, ce qui est le contraire de la position qu'elles leur donnent dans le bruissement ; elles se font faire place, elles se tournent et se retournent, battant toujours des ailes, mais sans trop de vitesse, et les abattant toujours sur le rayon.

110. *Transport du miel.* — Lorsque, dans leur empressement et dans le temps d'une grande abondance, les nourricières déposent le miel dans les alvéoles inférieurs, les cirières le portent dans ceux d'en haut, qui sont devenus vides.

111. *Elles détruisent les mauvais rayons.* — Les cirières rongent les cellules jusqu'au centre du rayon lorsque quelque motif les engage à les détruire. Je les ai vues à cette œuvre, et le rayon était dans un tel état, qu'on aurait cru que les souris s'étaient chargées de cette opération.

112. *Elles s'opposent à l'entrée d'une reine étrangère.* — Quand une reine étrangère veut pénétrer dans une ruche, les abeilles se pressent au-

tour d'elle, la compriment de toutes parts et ne la quittent pas qu'elles ne l'aient étouffée ; mais jamais elles ne se servent de leur aiguillon pour la détruire.

113. *Époque à laquelle elles l'acceptent.* — Si cependant elles avaient perdu la leur depuis vingt-quatre heures, elles feraient à cette reine un tout autre accueil et la recevraient avec le plus vif empressement.

CHAPITRE II.

Architecture des abeilles.

114. Si les abeilles sont partout l'emblème du travail, de l'ordre, c'est bien à cause des mœurs que nous venons de faire connaître; mais elles sont aussi celui de l'industrie la plus ingénieuse par les constructions si exactes, si régulières que nous allons décrire.

115. *Noms donnés à leurs constructions.* — On nomme, suivant les diverses localités, *gâteaux, raies, rayons, couteaux, édifices,* ces constructions qui occupent l'intérieur d'une ruche.

116. *Ces constructions sont composées de cire.* — La cire, qui les compose exclusivement dans les premiers jours et qui ne se trouve que dans ces constructions, provient de la digestion, par les abeilles, des corps sucrés amassés dans leur estomac. Le produit de cette digestion, le suc nouveau qui en résulte, passant dans le système circulatoire, vient s'épancher, sous forme de pentagones irréguliers, dans les sacs qui sont sous le ventre de l'abeille. J'ai indiqué la manière de les y voir et

j'en ai trouvé une si grande abondance dans quelques-uns de ces insectes, qu'il se formait en dehors de l'anneau un bourrelet qui avait acquis une coloration jaune.

117. *Lamelles de cire.* — Ces lames ne sont quelquefois que de simples petites aiguilles.

C'est la cire dans sa plus grande pureté, mais granuleuse et non susceptible d'adhérence, qualité qu'elle n'acquiert que par le travail qu'elle subit dans la bouche des abeilles. Des expériences ont démontré que 500 grammes de sucre donnaient 30 grammes de cire, et que la même quantité de miel en donne 20 seulement.

118. *Leur légèreté.* — Les écailles qui sortent de dessous le ventre des abeilles sont si légères, qu'il en faut deux cent vingt pour égaler le poids d'un grain de froment, d'où l'on a conclu qu'il en fallait quarante millions pour faire 1 kilog. de cire.

119. *Comment l'abeille se saisit de ces lamelles.* — Lorsque l'abeille veut construire, elle prend successivement ces écailles ou lamelles et les enlève des sacs abdominaux, des réservoirs ciriers. Pour y parvenir, elle approche de ces sacs, en la pliant, une des pattes de la troisième paire ; elle l'applique exactement contre son corps, ouvre la

pince qu'elle forme, insinue sous la lame une sorte de dent que la brosse présente, la fait sortir, la saisit avec la pince de ses autres pattes et la porte entre ses mandibules.

Ce qu'elle en fait. — Elle la mâche et l'imprègne en même temps d'un suc analogue à la salive, et en fait un filament mou qu'elle applique dans le point de la ruche où elle veut construire ou bien aux parties où la construction est déjà commencée. D'autres abeilles viennent ensuite en faire autant, et bientôt un *alvéole* se trouve préparé. Si, par hasard, dans l'empressement du travail, quelqu'un de ces filaments est mal ajusté, une autre abeille l'enlève pour le placer mieux, et l'intérieur de l'alvéole reçoit ensuite, par une sorte de rabotage, tout le poli et la forme hexagonale que nous lui connaissons.

120. *Forme des cellules.* — C'est une cavité offrant un prisme hexagonal régulier terminé par une pyramide à trois losanges pour les alvéoles d'ouvrières et de mâles. Tout rayon se compose de deux rangs d'alvéoles dont chacun correspond à trois alvéoles du côté opposé comme on peut s'en assurer en les traversant par autant d'épingles.

Leur inclinaison. — Ces alvéoles ou cellules sont adossés les uns aux autres au centre du gâteau, s'ouvrent extérieurement des deux côtés et forment entre eux un angle de vingt à vingt-cinq degrés dont l'angle rentrant est en haut.

Leur dimension. — Chacun d'eux a 12 millimètres de profondeur sur 5 de largeur pour les ouvrières. Ceux des mâles ont la même profondeur et 7 millimètres de largeur.

Leur nombre. — Le nombre des alvéoles contenus dans une bonne ruche est considérable ; on le porte à quarante ou cinquante mille pour une ruche de 50 centimètres de hauteur sur 33 de largeur de dedans en dedans. Un rayon de 33 centimètres sur 16 en renferme quatre mille, que les abeilles font souvent en un jour et même en moins de temps, tant est grande leur activité.

Les cellules ont une direction oblique de haut en bas, de dehors en dedans.

121. *Place des cellules de mâles.* — Les cellules des mâles occupent ordinairement le bas des rayons, et presque toujours la partie postérieure dans les ruches rondes et la partie latérale dans celles qui sont carrées ; elles peuvent n'exister que d'un côté du rayon, l'autre côté étant formé par des cellules d'ouvrières.

122. *Cellules des reines.* — Les cellules des reines ou *alvéoles royaux* font une saillie qui se détache

du gâteau sur les côtés. Il y en a quelquefois plusieurs les unes au-dessous des autres. On en trouve aussi dans l'intérieur du rayon, quand il présente des vides ou inégalités. La base de ces alvéoles ressemble parfaitement à la cupule d'un gland et se prolonge en bas sous la forme d'un dé à coudre. Leur surface est guillochée fort régulièrement, et chacune des dépressions est triangulaire; on dirait le commencement d'une cellule ordinaire. L'intérieur de ces alvéoles est rond, et sa direction n'est pas oblique comme celle des cellules d'ouvrières; elles sont ouvertes par le bas, et leur direction est perpendiculaire à l'horizon.

Il entre une telle quantité de cire dans la formation d'un alvéole royal, qu'il pèse autant que cent cinquante cellules ordinaires.

123. *Cellules royales artificielles.* — Il existe d'autres cellules royales qu'on nomme *artificielles.* Ce sont celles que les abeilles forment lorsqu'elles ont perdu leur reine et qu'il n'y a dans la ruche ni jeune reine prisonnière ni couvain royal. Elles se procurent alors une autre reine avec du couvain d'ouvrières d'un âge convenable. Voici comment elles procèdent à la construction de ces sortes de cellules : les ouvrières cirières détruisent les parois de la cellule, qui contient un jeune ver d'un

ou de deux jours ; elles en agrandissent la capacité aux dépens des cellules contiguës ; elles l'arrondissent, l'augmentent ensuite en la prolongeant d'abord horizontalement, puis un peu obliquement de haut en bas afin de lui donner à peu près la direction des cellules royales ordinaires. Ces cellules artificielles sont toujours à la surface des rayons : quelquefois on en trouve plusieurs agglomérées les unes au-dessus des autres ; elles sont rarement aussi bien confectionnées que les cellules naturelles.

Leur quantité. — Les abeilles en construisent huit à dix; mais j'en ai vu quelquefois quinze, vingt et jusqu'à trente dans la même ruche : on les trouve sur tous les rayons, et plus particulièrement sur ceux de l'intérieur.

A quel moment ces cellules sont faites. — Elles sont promptement terminées, surtout quand le ver que les abeilles ont choisi est déjà à son troisième jour. Elles sont ordinairement commencées dans les vingt-quatre premières heures qui suivent la mort ou l'enlèvement de la reine. Cependant j'en ai vu quelquefois ne s'établir qu'au bout de quarante-huit heures. Quelques-unes restent à l'état d'ébauche, parce que le ver autour duquel les abeilles ont commencé l'agrandissement est tombé. Elles sont, ainsi que les alvéoles royaux ordinaires, remplies de bouillie prolifique. C'est aussi par le bout inférieur que l'abeille qui doit régner sort de cette cellule, et c'est de même sur les côtés que cette reine fait un trou pour détruire les larves royales qui ne sont pas sorties aussitôt qu'elle.

124. *Leur disparition.* — Immédiatement après cette destruction, les abeilles enlèvent les cadavres des victimes et rongent leurs cellules de manière à leur rendre leur forme primitive, et elles le font avec assez de soin pour qu'il soit quelquefois difficile d'en retrouver la trace.

125. Les abeilles se déterminent à construire des cellules royales artificielles, soit qu'on enlève leur reine pour faire un essaim, soit que cette reine vienne à périr naturellement, car j'ai trouvé des traces de ces constructions dans des ruches vulgaires que je transvasais. J'ai vu encore, dans des ruches languissantes dont certains alvéoles contenaient plusieurs œufs et qui avaient un peu de couvain, des tentatives d'alvéoles artificiels; ce qui est la preuve évidente que les abeilles de ces ruches sentaient le besoin de remplacer une reine vieille et peu féconde. On comprend facilement le but des abeilles, lorsqu'elles font une pareille opé-

ration. Connaissant instinctivement leur organisation, sachant que, pendant les deux premiers jours de leur naissance, elles portent dans leur sein des organes propres à la génération, que ces organes ne disparaissent que parce qu'ils sont comprimés par l'action d'une cellule trop étroite, elles se mettent à agrandir quelques cellules autour de tout petits vers, et elles le font pour plusieurs, dans la crainte de ne pas réussir par une seule tentative. Enlevez les cellules qu'elles ont ainsi terminées; présentez-leur de nouveaux rayons qui contiennent de ce couvain de moins de trois jours, et elles recommenceront, tant est puissant l'instinct qui leur fait sentir la nécessité d'une reine.

126. *Régularité de toutes les cellules.* — Il est rare que toutes les espèces de cellules n'aient pas la plus grande régularité. Ce n'est que par accident, ou par suite d'inégalité d'espace, que quelques cellules d'ouvrières ou de mâles ont des dimensions différentes.

127. *Les abeilles connaissent la nature des œufs.* — Les abeilles ont une connaissance exquise de la nature des œufs que pond la reine. Ainsi, quand il lui arrive de déposer un œuf de mâle dans une cellule de reine, elles donnent à cette cellule une

forme toute différente. Elles l'allongent quelquefois, et sa dimension peut aller jusqu'à 48 où 50 millimètres, ou bien elles se contentent de l'élargir un peu. Si l'œuf qui doit produire un mâle est, au contraire, déposé par mégarde dans une cellule d'ouvrière, elles la prolongent, mais ne l'élargissent pas.

128. Lorsqu'il ne doit plus y avoir d'essaimage, les abeilles détruisent, en partie, les cellules royales et ne laissent que leurs bases qui conservent plus ou moins la forme d'une cupule de gland. Mais, les années suivantes, ce reste de constructions n'est jamais la base d'une nouvelle habitation royale.

129. *Les vieux rayons ne contiennent pas de cire.* — Toutes les cellules, dont l'ensemble forme un rayon, sont entièrement composées de cire, lorsqu'elles n'ont pas encore servi à l'éducation des abeilles; mais, quand il y en a été élevé, chacune des larves y laisse une toile, une coque qui est fort adhérente, d'abord à la cire, puis aux coques qui y sont déjà déposées; si bien qu'à la longue cette cire, comprimée des deux côtés, rendue molle et fusible par la chaleur des larves, sort entre les bords, s'évapore et finit par disparaître plus ou moins complétement, ainsi qu'on le voit dans les vieux rayons noirs.

130. *Par quel endroit les abeilles commencent leurs constructions.* — Le premier rayon est ordinairement commencé au centre de la ruche et à sa partie supérieure. Quand il est un peu prolongé, les abeilles en commencent un autre de chaque côté et parallèlement au premier, ne laissant entre ces rayons qu'une distance de 9 millimètres, distance suffisante pour la circulation des abeilles lorsqu'elles montent ou travaillent en même temps sur les faces opposées des deux rayons contigus.

131. *Épaisseur des rayons.* — Les rayons bien distancés n'ont que 27 millimètres d'épaisseur. Cependant ils sont souvent plus épais à la partie supérieure, où les abeilles leur donnent même, parfois, des dimensions démesurées pour y mettre plus de miel. Cette irrégularité s'observe surtout dans des ruches à calottes, ou dans les ruches à cadres dont on a enlevé plusieurs rayons consécutifs, qu'on n'a pas eu le soin de remplacer par des rayons inférieurs pleins de miel.

On a dit que les abeilles fixaient leurs rayons par de la propolis. C'est un fait que je n'ai pas pu constater.

132. *Nécessité d'une saillie pour les diriger.* — On a dit aussi que les abeilles suivaient, dans la construction de leurs cellules, les saillies inégales

mises à dessein dans la partie supérieure de la ruche. Il en est généralement ainsi, mais cette habitude n'est pas sans exception. Depuis que je me sers des ruches à cadres, dont chacun forme en haut une saillie très-prononcée, j'ai vu souvent les abeilles, et c'est un grand inconvénient, fixer chaque rayon à deux ou trois cadres à la fois, et même à tous, dans une direction qui leur était perpendiculaire ou oblique; mais, lorsqu'elles suivent régulièrement les planchettes, il leur arrive quelquefois de commencer leurs rayons sur le côté des cadres, quand les chanfreins n'en sont pas abattus de manière à rendre leur milieu saillant.

133. *Direction des rayons.* — Tous les rayons descendent verticalement du haut en bas; ils sont ordinairement droits et plats, mais on en trouve qui sont courbés sur eux-mêmes, dans le sens de la largeur, en conservant néanmoins la même épaisseur.

134. *Poids des rayons.* — Autant un rayon est léger lorsqu'il est vide, autant il est lourd lorsqu'il est rempli de miel, de couvain et de pollen. J'en ai vu qui pesaient 5 kilog. pour une surface de 33 centimètres carrés.

135. *Augmentation d'épaisseur.* — Lorsqu'on enlève un rayon, si les cellules voisines de chaque

côté ne sont pas fermées par des opercules, les abeilles aiment quelquefois mieux allonger ces cellules que de construire un nouveau rayon sur le cadre qu'on a remis vide. J'en ai vu qui avaient ainsi acquis jusqu'à 40 millimètres d'épaisseur. C'est alors surtout que les alvéoles deviennent fort obliques. Mais ce n'est guère que dans la partie supérieure de la ruche que les abeilles allongent ainsi les cellules, afin d'y mettre plus de miel.

136. *Passages dans les rayons.* — Les abeilles ménagent parfois, au milieu des rayons, des passages plus ou moins larges pour communiquer plus promptement d'un côté à l'autre; ces passages sont arrondis et fort unis. Les alvéoles qui les entourent vont toujours en décroissant d'épaisseur à mesure qu'ils s'en rapprochent, de sorte qu'à la partie médiane du rayon il n'y en a plus du tout.

137. *Les rayons ne sont pas toujours commencés au centre de la ruche.* — Quoique les abeilles commencent le plus ordinairement les édifices au milieu du sommet de la ruche, il arrive quelquefois que les premiers travaux sont faits sur les côtés ou dans un des angles ou même au travers du milieu de la ruche.

138. *Direction des rayons quand il y a deux*

essaims dans la même ruche. — Dans les ruches vulgaires, on voit parfois des rayons parallèles entre eux, tandis que d'autres viennent tomber perpendiculairement à leur surface. Cela a lieu lorsque deux essaims se sont jetés en même temps dans une ruche.

139. *Couleur des rayons.* — Les rayons nouveaux sont blancs ; ils deviennent bientôt d'un très-beau jaune, couleur qui n'est évidemment pas due à l'action de l'air, puisqu'on en conserve hors de la ruche qui ne l'acquièrent pas. On n'a pas dit jusqu'ici d'où elle provenait. Je pense que c'est avec leurs excréments que les abeilles jaunissent ainsi les rayons ; car il faut aussi remarquer que les parois de la ruche sont teintes de la même couleur.

Les rayons deviennent ensuite d'un brun jaunâtre, puis bruns et même noirs ; quelquefois gris et fort fragiles.

140. *Constructions de bas en haut.* — Dans certaines circonstances, les abeilles construisent de bas en haut, ce qui les gêne beaucoup. Cela a lieu dans les ruches que l'on dépouille par la partie supérieure ou dans les ruches à cadres dont on ne remonte pas la partie inférieure à la place de la partie supérieure que l'on a dépouillée de son miel.

Mais il faut des années bien abondantes pour qu'elles se déterminent à bâtir dans la portion de la ruche laissée ainsi vide.

Elles construisent encore de bas en haut quand un rayon mal soutenu se détache ; elles le reprennent à la partie détachée et construisent jusqu'au haut avec une si remarquable exactitude, qu'il n'y a que la couleur qui puisse faire voir où a été faite la reprise.

141. *Utilité de la forme hexagonale.* — Les abeilles, en donnant la forme hexagonale aux cellules, ont choisi la figure géométrique qui permet de créer le plus de cavités dans un espace donné et avec le moins de matière possible. Aucun de leurs organes ne détermine cette préférence, puisqu'ils sont faits comme la plupart des autres insectes. L'instinct qui la leur fait choisir est un don de plus à ajouter aux autres qualités qu'elles possèdent. On dirait qu'elles sont même incapables de donner une autre figure aux cavités qu'elles creusent ; car, si vous leur confiez de la cire mal purgée de miel, elles y font des trous qui se rapprochent complétement de cette forme, et nous savons aussi que les guillochures des alvéoles royaux sont le commencement du fond d'une cellule ordinaire.

142. *Il n'y a point d'alvéoles spéciaux pour le miel.* — Tous les alvéoles reçoivent indistinctement du miel, du couvain ou du pollen. Cependant le couvain est râre dans la partie supérieure ; on y trouve toujours du miel, et il n'y a presque jamais de pollen. Mais, après la grande ponte, le couvain qui y était est remplacé par du miel, et, dans les années abondantes, il arrive quelquefois qu'on trouve, dans certaines cellules, du miel sur du pollen qui y avait été déposé.

Je crois avoir cependant observé que le pollen est très-rarement mis dans les cellules de mâles.

C'est dans la partie inférieure, comme nous l'avons déjà dit, que se trouve le plus souvent le pollen.

Le miel est quelquefois tellement abondant, qu'il s'en trouve jusque dans les parties les plus inférieures de la ruche.

Pendant l'hiver, les abeilles mangent d'abord le miel de la partie inférieure de la ruche, tandis que, pendant les disettes, elles commencent par celui de la partie supérieure et conservent celui du milieu pour l'avoir plus à leur portée pour la nourriture des larves.

143. *L'abondance de miel peut faire périr la ruche.* — L'abondance du miel est quelquefois

telle, qu'il ne reste plus, dans la ruche, de place où la reine puisse pondre, et il peut en résulter la perte de l'essaim.

144. On trouve quelquefois des rayons vieillis dont le miel est tout cristallisé, à ce point que les abeilles, ne pouvant l'attaquer avec leurs mandibules, abandonnent la ruche, alors même qu'elle est encore fort lourde.

145. Les abeilles ont un tel soin de leurs rayons, que, lorsqu'il en tombe une portion sur le tablier, elles l'y attachent avec de la cire neuve, en forment des sortes de passages et d'alvéoles; elles ne déchirent point ces rayons pour en prendre la cire et en faire de nouvelles constructions.

146. *Direction des rayons par rapport au soleil et aux entrées.* — La direction des rayons, relativement au soleil et à l'entrée des abeilles, n'a rien de bien constant; ils présentent au midi tantôt une de leurs faces, tantôt, au contraire, un de leurs bords. Plusieurs tentatives pour obtenir une direction toujours constante ont été inutilement faites. Ainsi on n'a laissé à des ruches d'autres ouvertures que les entrées du sud, et il est arrivé quelquefois que les rayons ont été bien établis sur les cadres qui étaient placés dans cette même direction; d'autres fois, au contraire, les abeilles ont

bâti transversalement. J'avais pensé, pour mon compte, qu'en présentant le côté de la ruche à cadres au soleil, et en ne laissant ouvertes que les entrées de ce côté, les abeilles établiraient leurs rayons sur les cadres avec toute la régularité désirable; j'ai réussi une fois, et je n'ai pas eu occasion de renouveler cette expérience.

147. *Les abeilles varient beaucoup ces directions.* — Mais je doute fort qu'on puisse arriver à trouver un moyen certain de forcer les abeilles de construire autrement qu'elles ne le veulent ; car, lorsque je me servais des ruches Radouan, souvent l'étage supérieur était régulier et celui d'en bas tout de travers.

148. *Tentatives à faire pour forcer ces directions.* — Cela ne doit pas empêcher de faire quelques tentatives à ce sujet, car la résolution de ce problème est de la plus haute importance pour les ruches à compartiments verticaux.

Hubert, notre grand maître à tous, était si persuadé de cette bizarrerie des abeilles dans leur système architectural, qu'il mettait un rayon régulateur à tous les compartiments de sa ruche. Un seul suffit dans la mienne; mais il faut avoir le plus grand soin de le bien diriger et même de surveiller les premiers travaux.

CHAPITRE III.

Des essaims.

DÉFINITIONS ; CAUSES DE L'ESSAIMAGE ; SIGNES DE L'ESSAIMAGE ; DÉPART DE L'ESSAIM.

§ 1er. DÉFINITIONS.

149. Quoique toute agglomération d'abeilles ait reçu le nom d'*essaim*, on donne plus spécialement ce nom à la réunion d'une quantité plus ou moins considérable d'abeilles qui ont quitté la ruche, accompagnées d'une reine, pour aller s'établir dans un lieu plus ou moins retiré, plus ou moins éloigné, et y construire de nouveaux édifices.

150. *Essaim naturel.* — Un essaim est *naturel* quand il sort de son propre mouvement.

Essaim forcé. — Il est *forcé* lorsque, par un moyen direct, comme le transvasement, on force la reine et un certain nombre d'abeilles à sortir de la ruche pour les emporter au loin.

151. On appelle aussi spécialement *essaim* les abeilles qui restent dans une ruche dont on a enlevé la reine avec une partie de la population.

Essaim prématuré. — Si les abeilles ont une reine prête à éclore, sa naissance forme un essaim *prématuré.*

Essaim artificiel. — Mais s'il n'y a dans la ruche aucun alvéole royal, et que les abeilles élèvent du couvain d'ouvrière pour en faire une reine, il en résultera un essaim *artificiel*, parce qu'alors la reine proviendra d'une larve qui serait restée stérile sans les soins que les abeilles lui ont donnés.

152. *Essaim volage.* — Il arrive que certaines ruches jettent leurs abeilles en mars et en octobre, sans raisons encore connues; toutes les abeilles suivent alors la reine soit pour se précipiter sur une ruche du voisinage, soit pour se fixer ailleurs. Ce n'est plus un essaim; cet abandon tient ou à l'absence des provisions ou au caractère volage de la reine.

Nous avons déjà vu que cette humeur volage de la reine est quelquefois tellement prononcée, qu'un essaim qu'on vient de recevoir abandonne la ruche dès le lendemain ou l'un des jours suivants, avant d'avoir rien construit, et que cette fuite peut avoir lieu à plusieurs reprises. Nous avons dit que, pour fixer les essaims, les Romains coupaient les ailes du roi. Le même moyen a été employé avec succès, il y a quelques années, par le cultivateur Germain, aux environs d'Angers, sans qu'il eût jamais entendu parler des Romains.

153. *Essaims précoces, tardifs.* — Les essaims sont précoces ou tardifs, selon qu'ils paraissent avant ou après l'époque ordinaire de l'essaimage pour la localité. L'essaimage est avancé par la précocité du printemps et par des cultures favorables; il est retardé par des circonstances contraires.

Dans les pays où les essaims paraissent en mai, ceux qui sortent en juin sont tardifs et sont réputés ne rien valoir après le 24 de ce mois. Dans les pays de landes et de blé noir, les essaims précoces paraissent en juillet et sont tardifs à la fin d'août. Cependant autour des villes et des gros bourgs de ces derniers pays, où les cultures sont plus variées, les essaims peuvent paraître beaucoup plus tôt que dans la campagne.

154. *Les réparons.* — Les essaims qui sont jetés par un essaim sorti depuis peu de temps se nomment, en Anjou, des *réparons;* ils proviennent d'essaims précoces.

155. *Force de l'essaim.* — Un essaim est fort quand il pèse plus de 3 kilog.; il y en a qui atteignent jusqu'à 5 kilog., mais c'est le plus petit nombre. Les essaims de 10 kilog. que l'on a cités

sont ou une exagération ou la réunion de plusieurs essaims.

Un essaim est bon dès qu'il pèse 2 kil. 500 gr.; au-dessous de ce poids, il est faible. Chaque kilogramme d'abeilles est réputé en contenir dix mille; mais ce qui constitue surtout la bonté d'un essaim, c'est sa précocité et la jeunesse de la reine.

Les abeilles d'un premier essaim, vieilles pour la plupart, déjà aguerries, bravent facilement les chaleurs et trouvent une plus grande quantité de fleurs; elles font de suite de vastes constructions qu'elles remplissent d'abondantes provisions. Mais, huit ou quinze jours après, les fleurs sont déjà moins nombreuses, il fait plus chaud, et les voyages des nourricières deviennent plus longs; il en périt un bien plus grand nombre, surtout dans les seconds essaims, dont les abeilles sont presque toutes jeunes.

§ 2. CAUSES DE L'ESSAIMAGE.

156. On a vainement cherché la cause de l'essaimage dans la chaleur ou la petitesse de la ruche; on a aussi attribué, mais sans plus de certitude, le départ de l'essaim à la fureur de la reine, à la colère qu'elle éprouve contre les jeunes rivales qui vont

éclore, et que de vigilantes gardiennes protégent contre ses coups. L'excès de la population a aussi été considéré, mais sans plus de raison, comme cause de l'essaimage ; car tout le monde sait que des ruches très-grandes, que des clochers, que des cheminées, des arbres profonds qui contiennent des abeilles jettent tous les ans de nombreux essaims, et qu'au contraire certaines ruches toutes pleines de rayons et possédant même des mâles restent pendant plusieurs années consécutives sans en produire.

L'essaimage est un besoin naturel dont la cause n'est pas bien connue, et ce besoin est parfois tellement impérieux, qu'on voit de très-faibles ruches donner des essaims en grand nombre, ce qui amène la ruine certaine d'une partie de ces essaims et de la ruche qui les a jetés.

Cependant une forte et vive population, l'apparition des mâles en certain nombre, l'existence d'une ou de plusieurs jeunes reines prêtes à éclore annoncent presque toujours l'essaimage, sans qu'on puisse y compter entièrement. Un temps favorable est, en outre, indispensable; et, si l'on a vu sortir quelquefois des essaims malgré un peu de pluie ou par de grands vents, le temps le plus propice n'en est pas moins celui qui est doux, chaud, humide, calme. Des temps froids et pluvieux, des jours secs et brûlants s'opposent de la manière la plus positive à ces émigrations.

157. Les essaims ne sortent ni le matin ni le soir, mais bien au milieu de la journée, de dix heures à quatre heures; il suffit d'un nuage pour les empêcher de sortir et pour faire remettre leur départ au jour suivant. S'il survient un mauvais temps continuel, la reine détruit celles qui devaient la remplacer, et l'essaimage n'a plus lieu.

158. Si, malgré une riche population et un temps favorable, une ruche ne jette pas, c'est que la reine n'a pas déposé d'œuf capable de produire une nouvelle reine, ce qui tient à des raisons qui n'ont pas encore été appréciées.

159. La disette de miel ou sa surabondance dans la ruche nuisent également à l'essaimage, parce que dans le premier cas la reine, n'étant pas soutenue par une bonne nourriture, ne peut suffire à une ponte qui est nécessairement épuisante, et dans le second cas parce que, toutes les cellules étant pleines de miel, elle ne trouve pas de place où elle puisse déposer ses œufs. Si, dans ce dernier cas, on n'enlève pas quelques rayons dans un temps convenable, la ruche périt au milieu de l'abondance.

§ 3. SIGNES DE L'ESSAIMAGE ET DÉPART DE L'ESSAIM.

160. Les essaims s'annoncent par différents signes dont aucun pris isolément n'est certain, et, lors même qu'ils sont tous réunis, ils n'ont de certitude qu'autant que le temps est favorable.

161. *Signes probables.* — Pendant quelques jours le chant de la reine se fait entendre à différents intervalles; il alterne avec le bourdonnement des abeilles. Quelques auteurs cependant prétendent que ce chant n'a lieu que lors du second essaim. Pendant ces quelques jours, les abeilles semblent se hâter de travailler; elles se tiennent en grand nombre hors de la ruche et y restent toute la journée.

Le jour où l'essaim doit partir, il sort moins d'abeilles que de coutume, quoique le temps soit très-favorable à leurs excursions. Le chant de la reine redouble de force et devient de plus en plus fréquent; une odeur fort remarquable se fait sentir. Les mâles, si paresseux ordinairement, sont tous dehors. Celles des nourricières qui étaient sorties arrivent toutes chargées; elles restent sur le tablier, paraissent indécises, et ne rentrent pas avec leur précipitation habituelle.

162. *Départ de l'essaim.* — Toutes ces circonstances réunies annoncent qu'un grand acte va s'accomplir. La reine est dans un mouvement continuel, elle parcourt la ruche dans tous les sens, provoque un tumulte et une agitation extraordinaires, si bien que la température de la ruche s'élève de quelques degrés. Ainsi de 28 degrés au-dessus de zéro, qui est son état habituel, elle monte à 30 et même à 32.

Nous sommes d'ailleurs en mai, plutôt à la fin qu'au commencement, mais quelquefois cependant en avril, ou, au contraire, en juillet et août dans les pays de landes et de sarrasin ou blé noir. Peu à peu les abeilles sortent en grand nombre, tourbillonnent autour de la ruche, s'élançant peu loin et décrivant dans l'air, par leur vol rapide, des entre-croisements incroyables; bientôt l'air en est comme obscurci ; enfin cette troupe innombrable se dirige successivement vers un arbre ou un arbuste, sur une branche duquel elle se fixe en masse épaisse, formant une sorte de grappe dans laquelle toutes les abeilles sont attachées les unes aux autres par leurs pattes, puis tout rentre dans le repos.

Si, pendant le premier mouvement, l'apiculteur se tient près de la ruche, il verra la reine se promener sur le tablier; il pourra donc s'en emparer et se rendre plus sûrement maître de tout l'essaim.

163. *Signes qui indiquent que l'essaim est sorti.* — La sortie a été si rapide, si tumultueuse, que les portes de la ruche en sont noircies, ce qui, jusqu'à un certain point, peut faire reconnaître celle qui a jeté un essaim ; mais on le jugera plus sûrement par la subite inactivité des abeilles, par la rareté de celles qui vont aux champs et par la présence d'un alvéole royal percé à son extrémité. On peut voir ce signe dans les ruches les plus communes. Si à cela se joint la déchirure latérale des cellules royales, il est certain que la ruche qui offre ces caractères a essaimé.

164. *Cause de la rentrée des essaims.* — La reine refuse parfois de partir ; elle paraît indécise et finit par rentrer. Alors l'essaim, qui s'était déjà aggloméré sur un point du voisinage, se voit forcé de revenir dans la ruche, ce que j'ai vu faire par les mêmes abeilles trois fois dans une seule journée. Cette rentrée s'effectue si rapidement, qu'elle a lieu quelquefois dans le court espace de temps que l'on met à se vêtir pour recueillir l'essaim. Aussi cela a-t-il peut-être donné lieu de croire que certaines ruches jetaient plus d'essaims

qu'elles n'en donnaient réellement. L'essaim qui s'est attaché à une branche ou dans une haie n'a certainement pas l'intention de s'y fixer ; c'est un moment de repos , et , suivant toutes les apparences, il attend là que les maréchaux des logis viennent le prendre pour le conduire à la place qu'ils ont trouvée.

165. *Naissance de la nouvelle reine.* — Veuves de leur chef, les abeilles qui n'ont pu ou qui ne devaient pas la suivre laissent une jeune reine éclore pour remplir, à son tour, les fonctions de celle qui s'est exilée. Cette nouvelle reine peut partir, elle-même, du huitième au douzième jour. On en a vu cependant ne sortir que quinze jours après le premier essaim. Le troisième sort après un moindre intervalle, et le quatrième part quatre jours à peine après le troisième.

166. *Réunion de plusieurs essaims sur le même point.* — Deux ou un plus grand nombre d'essaims peuvent se réunir sur la même branche et y former une masse énorme. Lorsqu'il n'y en a que deux, cette masse présente intérieurement deux mamelons.

167. *Position de la reine dans l'essaim.* — La reine se tient au centre de l'essaim; les abeilles font autour d'elle un noyau dur et serré, que des

gens très-expérimentés savent trouver en introduisant la main dans ces masses piquantes.

168. *Division de l'essaim en divers groupes.* — Les abeilles qui composent l'essaim ne s'attachent pas toujours ainsi sur un seul point; il arrive quelquefois qu'elles forment divers groupes sur différents points à la fois, et l'on pense alors qu'il est sorti plusieurs reines en même temps.

169. *Lieux que l'essaim recherche.* — Dans les pays de plaines, les essaims, ayant de grands espaces à parcourir, se posent de temps à autre sur la terre pour y prendre un instant de repos. Quand ils tombent sur une haie ou dans un buisson, les abeilles s'attachent à une foule de rameaux; mais il y a toujours une masse plus considérable que les autres, c'est celle où se trouve la reine.

Les vieux troncs d'arbres, les murs creux, les cheminées leur servent souvent de refuge. J'en ai trouvé qui avaient construit leurs rayons sur l'écorce même des arbres ou sous des pierres d'attente, exposant ainsi à l'air libre leurs constructions et toutes leurs provisions. J'ai même recueilli l'un de ces essaims avec l'un de mes amis, M. Grout, dans une saison fort avancée, et il était en assez bon état pour qu'on pût espérer qu'il atteindrait le printemps. Ils se réfugient cependant de préférence dans une cavité quelconque : ainsi on en a trouvé un dans un trou de lapin ; on en a vu s'établir entre la ruche et son surtout ou dans des ruches vides. Enfin il n'est pas sans exemple que des essaims se soient abattus sur des hommes et des animaux, ce qui est presque toujours suivi de funestes accidents.

170. *L'essaim ne tient pas compte de l'exposition.* — Dans la recherche de leur nouvelle demeure, les abeilles ne semblent pas faire grand cas des expositions que les auteurs recommandent avec tant de soin; car je connais un essaim établi dans un vieux mur exposé au nord et qui n'en paraît pas moins vivace, quoiqu'il y soit depuis fort longtemps.

Ce n'est pas une raison pour ne pas choisir, quand on le peut, la position la plus propice, que nous indiquerons plus tard.

171. *Présence de plusieurs reines dans l'essaim.* — Dans les derniers essaims, il y a toujours plusieurs reines, parce que, la surveillance n'ayant pu s'exercer sur les cellules royales, faute d'un nombre suffisant de gardiennes, les jeunes reines sortent de prison et se trouvent ainsi entraînées plusieurs ensemble par le départ de l'essaim. Celles qui sont trop jeunes et trop faibles restent quel-

quefois en route ou bien sur le tablier, où l'on peut facilement les prendre.

172. *Le volume de l'essaim n'indique pas son poids.*—Le volume d'un essaim est fort trompeur pour l'appréciation du nombre de mouches qu'il peut contenir. Les abeilles, fort artistement attachées les unes aux autres, peuvent dilater leur masse ou la resserrer suivant le besoin. Cela est aisé à remarquer quand on couvre l'essaim d'un drap mouillé et qu'on l'expose ensuite à l'ardeur du soleil ; l'humidité le resserre d'abord sur lui-même, et il diminue évidemment de volume; puis la chaleur grossit sa masse et la ramène à son premier état.

173. *Longs espaces que peut parcourir un essaim.* — Les essaims vont quelquefois tout d'un trait jusqu'au lieu qu'ils doivent habiter, et alors on les voit parcourir des espaces assez considérables.

174. *Innocuité des abeilles pendant l'essaimage.* — Nous avons dit qu'on n'avait généralement rien à craindre des abeilles au moment de l'essaimage. Elles se laissent presque toujours prendre sans chercher à piquer. Bien plus, ces reines, si féroces contre leurs semblables, oublient toute colère, toute animosité contre celles qui les ont accompagnées.

Réunis quelquefois au nombre de deux, de trois, de quatre, et même en plus grand nombre, les essaims ne se font aucun mal. Reçus dans une même ruche, ils y travaillent chacun de leur côté, et les reines ne s'attaquent que lorsque les édifices viennent à se toucher.

175. *Précautions des abeilles avant de quitter la ruche.* — Avant de quitter leur demeure, les abeilles se sont gorgées de miel, et pendant ce temps il se fait dans toute la ruche un profond silence. Aussi sont-elles, en partant, plus grosses et plus lourdes qu'à l'ordinaire. Cette abondante nourriture dont elles se pourvoient explique la rapidité de leurs premières constructions et leur permet d'exécuter des commencements d'édifices dans les quelques heures qu'elles passent attachées à une branche.

176. *Absence des mâles dans l'essaim.* — L'essaim se compose essentiellement d'une reine et d'ouvrières. Il ne s'y rencontre des mâles, et encore en bien petit nombre, que lorsque l'essaim se pose auprès du rucher. Il peut se faire alors que le tourbillon des abeilles entraîne quelques mâles, qui les suivent et se réunissent à elles.

177. *Causes qui empêchent l'essaimage dans les printemps froids et humides.* — Les essaims sont

rares dans les printemps froids et pluvieux, parce que, dans ces mauvais temps, la terre ne se couvre que d'un petit nombre de fleurs qui ne contiennent que peu de miel, et encore ce miel est-il de mauvaise qualité; et, comme cette substance est l'aliment indispensable de la population de la ruche, la reine, qui n'en reçoit qu'en petite quantité, ralentit sa ponte, et plus tard, quoique le temps devienne plus favorable, il n'y a pas assez d'abeilles pour former un essaim.

CHAPITRE IV.

Maladies des abeilles.

178. *Nécessité des soins à donner aux abeilles.* — Les abeilles, ainsi que tous les êtres vivants, sont sujettes aux infirmités, aux maladies, et les provisions qu'elles accumulent dans leurs rayons sont exposées à diverses détériorations. Il est donc fort essentiel de ne pas les abandonner à elles-mêmes ; il faut, au contraire, leur venir en aide par des secours et des soins qu'elles ne peuvent se donner et qui leur sont indispensables. C'est, d'ailleurs, de toute équité, à cause des services qu'elles nous rendent dans l'état de domesticité auquel nous les avons réduites.

179. *Causes qui ont fait négliger les abeilles.* — C'est à la facilité avec laquelle on est parvenu à se procurer des corps sucrés autres que le miel qu'il faut attribuer l'oubli des soins minutieux que les anciens leur donnaient et la singulière diminution de ces laborieux insectes. En outre, les cultures perfectionnées, les défrichements des landes et des haies les ont fait négliger dans certaines lo-

calités, où elles ne donnaient plus que de faibles récoltes. Cependant le miel est toujours recherché. Les abeilles méritent donc autant de soins que nos animaux les plus précieux; car elles produisent sans dépenser, et nous sommes évidemment intéressés à ne pas négliger les provisions qu'elles nous donnent sans frais et sans culture.

180. *Causes de leurs maladies.* — Leurs maladies tiennent soit à leur habitation, soit aux mauvais aliments, soit aux intempéries de l'air, ou bien encore à la vétusté des rayons; nous allons les décrire successivement.

181. *La dyssenterie.* — C'est la seule maladie que plusieurs auteurs reconnaissent aux abeilles. Elle les fait périr en très-grand nombre. On en reconnaît l'existence par la multitude d'excréments dont le tablier est couvert. Ces excréments sont noirs, larges comme des lentilles, d'une odeur repoussante. Ils se fixent, lorsqu'ils tombent dans l'intérieur de la ruche, sur le corps ou les ailes de l'abeille, s'y accumulent et finissent par boucher leurs pores respiratoires, ce qui les fait périr, lors même qu'elles ne sont pas atteintes de la maladie.

Pendant toute la durée de la dyssenterie, les abeilles sont sales, ternies, peu actives; leur bourdonnement est à peu près nul. C'est surtout dans les temps humides qu'on rencontre cette affection. Elle a pour conséquence l'appauvrissement rapide de la ruche qui en est atteinte. Les abeilles y restent en trop petit nombre pour suffire aux besoins de la nouvelle ponte ; elles ne peuvent nettoyer les rayons, se procurer assez de pollen ni assez de miel pour la génération nouvelle. La reine, qui n'est pas excitée dans ses fonctions de reproduction, les ralentit et les cesse ensuite complétement. Le nombre des abeilles diminue donc tous les jours, et bientôt la ruche périt.

L'absence du pollen ne me paraît nullement être la cause de la dyssenterie. Si les tilleuls sont accusés, par de graves auteurs, de produire cette maladie, c'est sans doute quand ils sont couverts de pucerons, dont les excréments pris en trop grande quantité par les abeilles provoquent des indigestions qui déterminent la dyssenterie.

Lorsqu'on s'en aperçoit à temps, il faut lui opposer de prompts et énergiques remèdes. Des fumigations de résines aromatiques ; des sirops composés de bon miel, de bon vin, de noix de galle, de centaurée ; les plus grands soins de propreté et la destruction des édifices gâtés ; des aspersions de vin et d'aromates; tels sont les moyens les plus propres à combattre cette affection, et ils sont d'un emploi facile dans les ruches à cadres.

Si tous ces soins ne relèvent pas la ruche, il faut la détruire et recueillir le miel dont elle est pourvue, afin de ne pas tout perdre, et veiller surtout à ce que sa population ne se mêle pas à celle d'une autre ruche, qu'elle pourrait infecter.

On a aussi conseillé l'emploi du pollen, qu'on peut introduire dans la ruche avec un rayon qui en est chargé. Si l'on en a à sa disposition et si les abeilles en mangent, il pourra produire de bons effets, parce que c'est une substance résineuse, aromatique et excitante.

Pour garantir les ruches de cette maladie, il faut les ouvrir par les beaux jours, leur donner de l'air et éloigner d'elles les causes d'humidité.

182. *Le vertige.* — Dans le vertige, les abeilles tournent sans cesse sur elles-mêmes, vont et viennent de tous côtés; elles ont l'arrière-train si faible, qu'elles se soutiennent à peine; elles restent à terre et ne peuvent plus s'envoler.

On attribue cette affection à l'action des ombellifères. Elle paraît du 25 mai au 25 juin.

Il n'y a point de moyens curatifs à employer contre cette maladie, et on ne peut en préserver les abeilles qu'en les tenant captives pendant la floraison des ombellifères, en supposant toutefois que le suc de ces plantes en soit réellement la cause.

185. *Faux couvain* ou *pourriture*. — On sait aujourd'hui qu'il n'y a pas de faux couvain et qu'aucun insecte ne vient pondre dans les alvéoles des ruches.

Mais, lorsque le vrai couvain périt dans sa cellule, il se putréfie et se réduit en une sorte de matière qui ressemble à la pulpe d'abricot gâté et finit par n'avoir aucune espèce de forme. Toutes les larves de mâles, d'ouvrières, de reine même peuvent subir cette décomposition. Elle n'a lieu que lorsque la cellule est fermée et la larve métamorphosée en nymphe. On reconnaît cette affection à l'affaissement des opercules, qui ont perdu de leur velouté ; si on les regarde de bien près, on y aperçoit un tout petit trou. Quelques cellules remplies de bon couvain se trouvent généralement au milieu de celles qui sont infectées.

On rencontre parfois du couvain pourri dans les ruches les mieux aérées, comme dans celles qu'on laisse au milieu des herbes. Un froid intense peut être la cause de cette affection ; mais on la voit quelquefois se prolonger toute l'année, ce qui indiquerait l'existence d'une cause permanente dont la nature n'est pas bien connue. On a pensé que le couvain naissant la tête tournée vers le fond de la cellule périssait parce qu'il ne pouvait se retourner pour déchirer l'opercule. J'ai effectivement vu des nymphes pourries qui avaient l'abdomen tourné vers le couvercle de l'alvéole ; mais j'en ai vu aussi beaucoup qui étaient dans une position régulière. Enfin j'en ai trouvé plusieurs qui présentaient leur dernier anneau à l'opercule, mais qui n'étaient pas assez développées pour chercher à sortir de la cellule. En 1850, cette maladie a fait périr une foule de ruches. On enlevait des rayons les larves pourries, de nouveaux vers s'y développaient et périssaient encore.

C'est une maladie *sui generis*, comme on dit en médecine ; car la mort des nymphes n'entraîne pas nécessairement cette dégénérescence.

Si l'on s'en aperçoit à temps, il faut détruire tous les rayons infectés. La population, étant encore nombreuse, en construira de nouveaux, et, si la maladie ne dépend pas d'un vice de la reine, la ruche pourra se rétablir. Mais, si le nouveau couvain vient à périr, il ne faut plus rien espérer de cette ruche.

Lorsque, au lieu d'enlever les rayons infectés, on se contente de les racler et d'en ôter la pourriture, les abeilles les nettoient et rongent les cellules jusqu'au centre; mais elles n'en construisent pas de nouvelles à leur place.

Les fumigations aromatiques, les miels rendus excitants par un peu de vin peuvent très-bien convenir pour combattre cette maladie; il en est de même des aspersions vineuses faites sur les rayons.

184. *Dessiccation du couvain.* — Lorsque le couvain est desséché, on croirait qu'il peut s'agiter dans la cellule, tant il est amaigri. Le couvercle est ouvert au milieu par un trou parfaitement rond, dont les bords sont relevés et bien taillés. On ne voit aucune trace de teigne. La nymphe, car c'est en cet état que la maladie attaque l'insecte, reste parfaitement blanche. On en ignore la cause, et les abeilles se chargent d'emporter les nymphes desséchées hors de la ruche.

185. *Dénudation du corselet.* — J'ai vu beaucoup de mâles dont le corselet était tout dénudé à sa partie supérieure, qui était alors d'un blanc argenté nacré. Ces mâles me paraissaient très-gros et ne pas souffrir de cet état, quoiqu'ils fussent un peu moins vifs.

186. *Moisissures.* — Les rayons sont susceptibles de se couvrir de moisissures de diverses

couleurs; ils deviennent verdâtres, d'un jaune soufré, ou gris.

Le pollen ne dégénère pas, ainsi qu'on l'a pensé, pour former le rouget. Celui que les abeilles ne consomment pas se moisit, devient poussiéreux, prend les mêmes couleurs que les rayons et se couvre assez souvent de champignons grisâtres fort distincts.

Les ruches non aérées, celles qui sont exposées à l'humidité ou dont la population est faible sont sujettes à ce genre d'affection.

Pour la combattre, on enlèvera tous les rayons atteints et on rendra les ruches plus fortes au mois d'octobre en mariant ensemble celles qui sont faibles.

187. *Le rouget.* — Le rouget est une matière rougeâtre que l'on trouve quelquefois en abondance dans les parties inférieures des ruches. On supposerait à tort que c'est de la propolis, avec laquelle il a une grande ressemblance. On l'a aussi regardé comme du pollen dégénéré : cette opinion n'est pas plus fondée que la première ; c'est du pollen tout ordinaire, mais provenant de plantes dont les étamines sont rouges, telles que les bruyères, le réséda. Le rouget n'est donc pas une maladie; mais son accumulation dans une ruche,

comme celle de toute espèce de pollen, nuit aux abeilles en diminuant la place qu'elles peuvent consacrer au miel. Elles en font quelquefois des provisions considérables; car on en a trouvé jusqu'à 10 kilogrammes dans une ruche qui en pesait 25; c'est un argument contre l'opinion de ceux qui pensent que les abeilles s'en nourrissent.

Il ne faut donc jamais laisser vieillir les rayons; il est essentiel, au contraire, de les renouveler le plus souvent possible, ce qui doit se faire dans le printemps, comme il sera expliqué plus tard.

188. *Maladies des antennes ou des fleurs en tête.* — Les antennes des abeilles ne sont jamais malades; la maladie des fleurs en tête est une apposition d'étamines de certaines plantes sur le front des abeilles, précisément entre les antennes.

Ce sont de tout petits filets terminés par de petites massues de couleurs différentes. Si l'on prend cette petite massue avec une pince, le filet qui tient à la tête s'allonge, puis il revient sur lui-même aussitôt qu'on la lâche. Il n'y a souvent sur la tête de l'abeille qu'un de ces petits corps; mais quelquefois il y en a plusieurs. C'est en prenant le miel des orchidées et des ophris que les abeilles se chargent de leurs étamines, qui tiennent fort peu à la plante, et la mucosité de la corolle les fixe à leurs poils.

On trouve des abeilles chargées de ces couronnes dans les printemps humides et dans les ruchers voisins des prairies de mauvaise nature.

Ce n'est donc point une maladie ; mais cela indique qu'il y a peu de bonnes plantes fleuries et que la ruche pourrait bien souffrir faute de vivres. Aussi dans les années où l'on observe des fleurs en tête y a-t-il peu d'essaims.

Ces petits corps tombent spontanément, et l'on voit quelquefois les abeilles se les ôter elles-mêmes ou se les arracher les unes aux autres avec leurs pattes.

Aussitôt qu'ils apparaissent, il faut s'assurer si la ruche a une quantité suffisante de nourriture et y remédier, en cas contraire, en lui donnant du bon miel délayé avec un peu de vin.

CHAPITRE V.

Des ennemis des abeilles.

189. Peuple actif, laborieux, économe, sachant pourvoir à ses besoins et ne s'en créant pas de factices, les abeilles devaient avoir peu de maladies. Elles sont heureuses dans leur isolement ; mais leurs richesses leur attirent des envieux, des ennemis, qui les entourent de toutes parts et dont l'éducateur doit bien connaître les habitudes perverses pour les combattre efficacement ; car, malgré toute leur intelligence et un ensemble si admirable d'action , les abeilles ne savent pas opposer de résistance aux attaques de plusieurs d'entre eux.

§ 1. LES INSECTES.

190. *Les abeilles elles-mêmes.* — Les abeilles vivent toujours en société, en famille , isolées les unes des autres, régies par le plus dur égoïsme , sans aucune notion des devoirs de l'hospitalité. Aussi non-seulement elles ne portent aucun se-

cours aux étrangères, mais elles sont sans pitié pour la malheureuse qui, trompée dans sa course ou jetée par le vent, vient frapper à une autre porte que la sienne. Palpée de toutes parts par les antennes des vigilantes gardiennes dont le tact est si exquis, elle n'est pas reconnue par elles pour une des leurs et elle est aussitôt immolée.

191. *Pillage actif.* — Une ruche vient-elle à perdre la reine, la population diminue rapidement, et, aussitôt que les abeilles voisines s'en aperçoivent, elles se ruent à l'envi dans cette ruche et la dévalisent en un instant.

Cette audace est quelquefois cruellement punie. Quand une ruche affamée se jette sur une autre pour se procurer des vivres, les abeilles attaquées résistent et sortent en foule de leur demeure. Il s'ensuit autant de combats à mort qu'il y a d'individus qui se rencontrent. C'est un bruit assourdissant, insolite à l'intérieur et à l'extérieur de la ruche. Une confusion extrême ne cesse de régner et l'ordre ne se rétablit qu'après la mort du plus grand nombre des combattants des deux partis. Il en résulte le plus souvent la perte des deux ruches.

Ce pillage, que nous désignerons sous le nom de *pillage actif*, est, en général, difficile à arrêter ou à prévenir.

Il a lieu très-souvent quand on taille les ruches ou quand on les panse. Attirées par l'odeur, toutes les abeilles du voisinage se précipitent vers le lieu d'où elle émane. Ce pillage est fréquent en mars et avril ainsi qu'en septembre et octobre. Certaines espèces d'abeilles semblent plus pillardes que les autres. La première que j'ai décrite ici est dans ce cas. Deux autres espèces que je n'ai pas rencontrées ont aussi cette réputation.

A l'époque de la taille on prévient le pillage en fermant complétement les ruches dont on vient d'enlever le miel et en couvrant avec le plus grand soin celui qu'on a récolté. Dans les mois que j'ai signalés, ou lorsqu'on panse les abeilles, il faut laisser le moins d'ouvertures possible. Mais, quand le pillage est commencé, il est fort difficile de le faire cesser, et je ne connais qu'un moyen très-efficace, c'est de fermer la ruche de manière à n'y laisser pénétrer que l'air nécessaire à la vie des abeilles et de les garder ainsi recluses pendant quelques jours. On ouvre cependant les entrées pendant la nuit; les abeilles appartenant à la ruche qui peuvent être dehors y rentreront et les étrangères qui resteront captives s'habitueront avec les autres.

L'enlèvement de la ruche attaquée ou des draps

mouillés dont on l'enveloppe sont loin d'être un moyen aussi infaillible.

192. *Pillage latent.* — Les abeilles ont une autre manière plus dangereuse encore de piller les ruches pauvres; elles le font clandestinement. Quelques abeilles se sont aperçues du défaut de gardiennes dans une ruche; elles s'y rendent sans bruit et en petit nombre; elles la dévalisent, et ce qui contitue le plus grand danger de ce pillage, c'est qu'on ne s'en aperçoit que trop tard.

Cependant il n'y a pas à s'y méprendre. La ruche pillée n'a pas de sentinelles, n'a pas de gardes autour et au devant des entrées. Il y entre souvent des abeilles, mais elles ne sont point chargées de pollen. Leur vol, à leur arrivée, est vacillant; elles semblent examiner s'il y a des surveillants. Leur sortie est toute différente, elle se fait précipitamment, et elles se dirigent vers une des ruches voisines. Si vous approchez l'oreille, vous entendez un bruit qui n'est nullement celui que font les abeilles lorsque le travail est naturel. Vous soulevez la ruche, et elle est déjà fort légère. Les abeilles, autrefois si promptes à vous repousser, sont tellement occupées alors, qu'elles ne s'aperçoivent pas que vous les dérangez.

C'est ce que j'appellerai le *pillage latent*,

parce qu'il se fait sans bruit. Il est bien difficile à reconnaître.

Mais enfin s'en aperçoit-on, il faut examiner l'intérieur de la ruche ; si l'on trouve la reine et qu'elle soit malade ou trop vieille, ou qu'on ne trouve plus aucune de ses traces, il faut la remplacer lorsque la population en vaut encore la peine. Mais, si cette population paraît trop pauvre, on joint ses débris à une ruche peu peuplée ; et il est alors prudent d'emporter au loin, pour tromper les abeilles pillardes, les deux familles qu'on a ainsi réunies.

193. *La guêpe.*—L'un des plus puissants ennemis des abeilles, et qui cependant n'est pas le plus terrible, c'est la guêpe. Elle s'introduit dans la ruche malgré toutes les gardiennes, la parcourt en tous sens, s'empare du miel, tue même les abeilles, les emporte et mange ce qu'elles contiennent dans leur estomac. Pour chasser ou tuer une guêpe, les abeilles se mettent plusieurs sur son passage, mais ne l'attaquent que fort timidement, et elles parviennent rarement à la combattre avec succès. Lorsque les assaillantes sont nombreuses, elles dessèchent la ruche en fort peu de temps sans éprouver une grande résistance. Les guêpes sont aussi avides d'abeilles que de miel, à ce point que, ayant laissé

exposées au soleil trois à quatre cents abeilles que j'avais perdues par accident, je n'en retrouvai le lendemain que les parties trop coriaces pour être mangées.

Les guêpes se trouvent dans des cavités souterraines, où elles construisent leurs rayons.

Quand on a découvert leur gîte, on en ferme bien toutes les issues, et le soir on les inonde soit d'eau bouillante, soit d'eau mêlée à de la terre dont on fait un mortier fort clair; on essaye aussi de les brûler quand leur nid est disposé convenablement. On peut enfin couvrir les entrées de gluaux auxquels il s'en prend un très-grand nombre.

Mais, quand on ne trouve pas leur repaire, il faut diminuer le nombre des entrées de la ruche, et encore n'en ouvrir aucune qu'une heure après le lever du soleil, parce que la guêpe est plus matinale que l'abeille, et qu'il faut éviter qu'elle ne puisse l'attaquer avant que celle-ci ne soit prête pour la défense.

La guêpe aime beaucoup la viande : on pourrait donc en exposer auprès du rucher en l'enduisant de pâte phosphorique; nul doute que cela ne fît périr beaucoup de ces insectes.

194. *Les frelons.* — Les frelons sont aussi dangereux que la guêpe pour les abeilles. Ils ni-

chent ordinairement dans les vieux arbres creux, où il est assez dangereux de les faire périr par le feu. Mais on doit employer, pour essayer de les détruire, les autres moyens que nous avons indiqués pour les guêpes.

Quand on attaque les frelons et les guêpes, il faut être soigneusement affublé.

195. *Les libellules.* — Les grosses libellules prennent les abeilles au vol et les mangent sans s'arrêter; aussi faut-il souvent parcourir le rucher avec le filet de l'entomologiste et essayer d'en prendre le plus possible. Les poissons qui sont dans les bassins sont très-friands de leurs larves et en détruisent beaucoup.

196. *Le sphinx atropos* ou *papillon à tête de mort.* — Ce papillon s'introduit dans les ruches dont les entrées sont assez larges et y commet de grands dégâts. C'est pour s'en garantir que les abeilles construisent des murs en propolis, et, lorsqu'elles entendent le bruit qu'il fait en s'approchant de leur demeure, elles centuplent leurs gardes et obstruent le passage en s'y portant en masse. On a trouvé de ces papillons séparés en plusieurs morceaux dans l'intérieur des ruches. C'est en septembre qu'on le rencontre.

197. *Le perce-oreille* ou *forficule et le cloporte.* — J'ignore quel tort le perce-oreille ou forficule, ainsi que les cloportes, peuvent faire aux ruches. On les y trouve en très-grand nombre soit dessus, soit dedans, et surtout sous les couvertures qu'on emploie pour garantir les ruches de la pluie ou d'une trop grande chaleur.

198. *Les fourmis.* — Il n'en est pas de même des fourmis; elles sont très-friandes de miel, mais encore plus peut-être des larves et des nymphes des abeilles, qu'elles savent mettre à découvert, dépecer et emporter par lambeaux, ce que j'ai vu bien souvent. Elles se logent partout, et l'on est parfois bien surpris de trouver toute une fourmilière sous la pierre dont on charge la ruche soit pour la couvrir, soit pour l'empêcher d'être abattue par les vents.

Il est certains terrains qui abondent en fourmis. Il faut mille précautions pour s'en préserver, et il est toujours fort difficile d'y parvenir. Quelques personnes placent les supports du tablier dans des vases remplis d'eau; mais il faut entretenir cette eau et la couvrir pour que les abeilles ne s'y noient pas. D'autres attachent aux supports des colliers en fer-blanc qu'elles remplissent d'eau ou de corps gras; d'autres enfin les entourent de corps poisseux, de laine, de filasse. Tous ces moyens sont peu efficaces.

On avait parlé d'un collier galvanique qui frappe de mort les fourmis qui montent sur les arbres; je n'ai pas pu me le procurer.

199. *Le trichode.* — On a signalé aux environs de Paris un coléoptère nommé *trichode* (qu'on prononce *tricode*) qui s'introduirait dans les ruches à cadres et y commettrait certains dégâts. Je n'ai pas eu occasion de le voir; ce n'est que dans les ruches à cadres qu'on pourrait bien poursuivre cet insecte.

200. *Les poux* (*bracila cæca*). — Comme tous les autres animaux, les abeilles ont leurs parasites, qui vivent à leurs dépens, qui s'attachent à leur pauvre petit être et le détruisent à petit feu. Ce parasite est désigné sous le nom de *pou* et est parfaitement figuré dans les planches du manuel publié par Radouan en 1840, collection Roret (1).

« Cette vermine, dit M. Radouan, n'attaque « que les vieilles abeilles, et encore les vieilles « abeilles de certaines ruches. On n'en voit ordi-

(1) Je dois à l'obligeance de M. Milne-Edwards de savoir que ce prétendu pou appartient à l'ordre des diptères, et prend place à côté des hippobosques, et qu'aujourd'hui il est désigné par tous les naturalistes sous le nom de *bracila cæca*.

« nairement qu'une seule sur une abeille. Ce pou
« est très-visible ; il est rougeâtre, de la grosseur
« de la tête d'une très-petite épingle. Il se tient
« presque toujours sur le corselet. Son corps est
« écailleux, ainsi que ses six pattes. A la loupe,
« on voit une grande quantité de poils. Souvent
« je l'ai trouvé près du cou, de l'origine des ailes
« et quelquefois près des jambes. »

L'auteur de cette description ne croit pas que les poux nuisent beaucoup aux abeilles.

Il n'est pas difficile de les faire changer de place, la moindre chose les dérange ; mais ils ne sont pas aisés à détruire. On a proposé, dans ce but, plusieurs sortes d'injections, telles que le vin, l'urine, l'eau-de-vie. Ces injections sont très-faciles à faire sur les abeilles qui occupent les ruches à cadres ; mais leur efficacité est bien contestable.

J'ai visité des ruches très-peuplées dont un certain nombre d'abeilles portaient un ou plusieurs poux. J'ai vu des reines en avoir quatre ou cinq, en être comme défigurées. Mais les essaims dont beaucoup d'abeilles sont attaquées par cette vermine finissent mal. Je ne me suis pas aperçu que les vieilles en fussent plutôt atteintes que les jeunes; mais il se pourrait que celles-ci, desséchées par le pou, prissent une apparence de vieillesse.

201. *Les araignées.* — Les araignées mangent parfaitement bien les abeilles. Elles se logent dans les surtouts des ruches, tendent des toiles de tous côtés et malheur à l'abeille qui s'y accroche. Souvent même ces insectes ne se donnent pas tant de peine. Elles se placent devant les entrées et saisissent les abeilles à leur arrivée.

Il faut donc supprimer les surtouts, hors le cas d'une extrême chaleur ou d'un froid excessif, et ne pas établir les ruches sous des hangars, ni près des murs ou des haies qui donnent aux araignées des points d'appui pour tendre leurs filets.

202. *La fausse teigne* ou *gallerie.* — Mais le plus redoutable ennemi des abeilles, celui qui, non content de se loger dans les replis les plus cachés de la ruche, où il construit des galeries dans tous les sens, en construit aussi à l'intérieur et à la surface des rayons qu'il détruit entièrement, c'est la fausse teigne.

C'est la larve d'un papillon. — Cet insecte est la larve d'un papillon nocturne. La tête de cette larve est garnie d'une partie écailleuse si dure, que l'aiguillon des abeilles ne peut la traverser, et c'est la seule partie qu'elle expose à leurs coups. Le reste de son corps tout pulpeux se tient toujours à couvert dans une galerie qui est composée d'une toile serrée. Ce canal se prolonge d'alvéole en alvéole au fur et à mesure que l'insecte les a dépouillés et finit par acquérir une longueur considérable.

De quoi elle vit. — La larve s'empare avec avidité et des provisions du couvain et probablement du miel, car il finit par disparaître. Il lui faut cependant bien peu de nourriture pour se développer ; car j'en ai vu naître sous verre dans de très-petites portions de rayons qui ne contenaient ni couvain ni miel et y vivre jusqu'à l'état parfait de papillon. Toute la cire de ces portions de rayons avait disparu, et il ne restait que les coques des larves d'abeilles qui tapissaient les cellules. Les fausses teignes s'étaient donc nourries de la cire pour se développer, filer leur galerie et se créer une coque, ce que Réaumur a parfaitement démontré.

Signes de sa présence. — La présence des fausses teignes dans les alvéoles est toujours facile à reconnaître. La partie saillante et bombée qui recouvre le couvain devient d'un blanc bleuâtre parfois transparent. Tout le velouté des opercules a disparu pour faire place au nouveau tissu dont la fausse teigne s'enveloppe. En ouvrant les alvéoles ainsi détériorés, on finit par arriver à l'un d'eux où l'on trouve la larve blottie, roulée sur elle-même. Elle en sort avec la précipitation d'un serpent et s'élance au dehors comme si elle était pressée par un ressort subitement détendu.

Lorsque la larve est parvenue à tout son développement, elle tend des filets de tous côtés et en si grand nombre, que les abeilles ne peuvent plus sortir sans s'y être empêtrées ; puis elle s'enveloppe dans un cocon qu'elle dérobe souvent de la manière la plus sûre. Elle creuse quelquefois les parois dela ruche pour s'y loger. D'autres fois les larves entassent les cocons les uns au-dessus des autres en très-grand nombre et dans un ordre parfait.

Il y en a deux espèces. — On rencontre dans les ruches deux espèces de fausses teignes connues sous le nom de *galleria alvearia* et de *galleria cerella*. On les appelle en français *gallerie, fausse teigne* ; *artison* dans quelques départements, et *chagne* en Bretagne.

Elles proviennent de ces petits papillons d'un blanc grisâtre ou d'un gris roussâtre, qui voltigent tous les soirs auprès des ruches et se tiennent, pendant le jour, appliqués à leurs parois, où la femelle pond ses œufs.

Galleria cerella. — La *galleria cerella* s'installe de préférence dans les gâteaux dont les cellules sont vides et abandonnées. Le tuyau, cette sorte de canal cylindrique qu'elle se file d'une soie si serrée, est recouvert, en dehors, de beaucoup de parcelles de cire, et d'excréments à l'intérieur qui est tapissé d'une membrane fort blanche et très-solide. Fixé sur les côtés des rayons ou sur les alvéoles mêmes, il est proportionné à la taille et à l'âge de la larve; s'élargissant peu à peu de manière que la larve puisse se retourner pour jeter au dehors ses excréments. On trouve de ces tuyaux qui dans leurs lignes sinueuses ont jusqu'à 30 ou 33 centimètres de longueur.

Son papillon. — Le papillon de cette espèce de teigne offre des différences suivant le sexe. Les mâles sont plus petits, ont les ailes supérieures courtes, terminées presque carrément; les femelles les ont longues, échancrées postérieurement. Leurs palpes sont très-longs, droits, dépassent de beaucoup la tête; ils sont cachés et courbés, chez les mâles, par la voûte du front. Ces papillons tiennent leurs ailes inclinées en toit; ils sont d'un gris roussâtre et luisant; ils ont la tête fauve et les yeux d'un rouge métallique. L'œuf qui produit la larve met huit à neuf mois avant de venir à l'état de papillon; c'est en été qu'il est pondu pour n'éclore qu'au printemps.

Galleria alvearia. — La *galleria alvearia*,

celle qui se tient dans les alvéoles mêmes, celle qui passe d'une cellule à l'autre en détruisant chaque couvercle pour le remplacer par une membrane, a les anneaux entaillés; elle est plus petite que la *galleria cerella*, mais elle n'en cause pas moins de ravages. Son papillon, dans le repos, tient ses ailes presque horizontalement; il court avec une vitesse extrême et vole rarement pendant le jour. Il paraît en avril et en juillet, et son œuf éclôt au bout de trois mois; c'est sa larve qu'on trouve en hiver.

État de la ruche envahie. — Lorsqu'une ruche est envahie par la fausse teigne, le tablier se couvre peu à peu d'une grande quantité de débris de rayons mêlés d'excréments gros et noirs comme de la poudre à canon; elle devient bientôt très-légère, ce qui se conçoit aisément quand on sait la quantité de larves de fausses teignes qu'une ruche peut contenir et la disparition complète de toutes ses provisions, qui en est la suite.

Époque où paraît la gallerie. — Cet envahissement peut avoir lieu dès les premiers jours du printemps et même avant, car j'ai trouvé des larves dès le mois de février. En avril, elles avaient acquis tout leur développement et faisaient des ravages considérables.

Ces insectes ne pullulent jamais tant que

sous les hangars ou dans les ruches couvertes de surtout ; souvent aussi ils se développent dans les débris qui couvrent le tablier.

Ils sont le désespoir du cultivateur qui n'a pu jusqu'à présent s'en préserver, ni les détruire par les différents procédés qui lui ont été conseillés. Les ruches à cadres sont les seules dans lesquelles on puisse débarrasser les abeilles de la présence de cet ennemi. Quelques visites faites à propos font découvrir sa demeure, d'où on le force de sortir; et d'ailleurs, les rayons étant toujours neufs dans ces sortes de ruches, les œufs qui produisent les larves de la fausse teigne n'ont pas le temps d'y éclore.

Ainsi se trouve résolu le problème de Féburier, qui disait qu'on parviendrait à détruire la gallerie, si on pouvait avoir un jour une ruche qui permît d'en tenir les rayons toujours neufs.

§ 2. LES OISEAUX.

205. Les oiseaux détruisent un grand nombre d'abeilles, et leur audace pour les atteindre est très-grande, surtout dans le temps où ils ont des petits.

Les moineaux, les fauvettes, les mésanges ne se

font aucun scrupule de venir se poser sur le tablier, pour saisir les abeilles au passage, ou d'en provoquer même la sortie, en frappant la ruche à coups de bec. Les hirondelles ne se font aussi nullement faute de les poursuivre ; on les voit sans cesse raser les mares d'eau où les abeilles ont coutume d'aller boire. On m'a assuré que la population des ruchers avait bien évidemment diminué lors du passage de ces oiseaux dans une certaine localité.

Les pics-verts, dans les ruchers abandonnés au milieu des bois, parviennent à percer les ruches pour s'emparer des abeilles.

Moyens de s'opposer à leur déprédation — Des petits piéges tendus sur le tablier ou dans les environs des ruches détruisent un grand nombre de ces oiseaux.

La pâte phosphorée, mêlée à des grenailles ou à de la mie de pain, en fait périr beaucoup. Il est utile, enfin, de visiter le rucher et d'y attirer les chats qui effrayent les oiseaux et en attrapent bien toujours quelques-uns.

Parmi ces ennemis, les hirondelles sont les plus difficiles à chasser. Ce sont elles qui font le plus de tort aux abeilles. Il serait donc utile de clore les cheminées par un grillage pour les empêcher d'y pondre; mais cette précaution n'est réellement efficace que si on a une habitation isolée. Lors de leur arrivée, il est essentiel de tirer des coups de fusil, pendant plusieurs jours consécutifs, aux environs du rucher, et l'on peut alors espérer de les voir fuir une habitation aussi inhospitalière.

§ 3. LES RONGEURS.

204. *Les souris et autres rongeurs.* — Les souris, les campagnols ou mulots, les musaraignes font beaucoup de dégâts dans les ruchers. Non contents de ravager les édifices, ces animaux y nichent, et l'on comprend que la ruche doit en souffrir considérablement.

Pour se préserver de ces ennemis, il faut élever les ruches sur des pierres qui soient dépassées par le tablier et tendre toutes sortes de piéges.

§ 4. LES REPTILES.

205. *Les lézards, les crapauds, les grenouilles.* — Les lézards gris prennent les abeilles, les broient et les avalent parfaitement bien.

Dans les pays où l'on établit les ruches à fleur de terre, on voit les crapauds eux-mêmes happer quelques abeilles au vol en sautant d'une manière fort burlesque. J'en ai vu, le museau tendu sur l'entrée, se disposant à prendre les mouches qui sortiraient. J'en ai trouvé un dans une ruche qu'on n'avait pas soulevée depuis un an et demi ou deux ans ; il était tellement gros qu'il avait dû certainement y entrer que fort petit depuis bien longtemps.

Les grenouilles, aux aguets de tous les insectes qui viennent se désaltérer, doivent détruire aussi un certain nombre d'abeilles.

Les crapauds ne seront jamais dangereux, si les ruches sont suffisamment élevées. Les grenouilles sont faciles à prendre, et on doit établir son rucher loin des marais, dont les plantes, d'ailleurs, conviennent fort peu aux abeilles.

§ 5. L'HOMME.

206. *L'homme est l'un des ennemis des abeilles.* — L'homme ne devrait plus être compris au nombre des ennemis des abeilles, tant il a reçu d'instructions et de préceptes à leur sujet ; mais il est paresseux et avide. L'oubli des soins qu'il leur doit, la rapidité avec laquelle il enlève leurs provisions entraînent la perte d'un grand nombre de ruches, quand il ne les détruit pas lui-même volontaire-

ment pour les dévaliser. Espérons qu'une physiologie mieux entendue fera adopter des méthodes plus rationnelles, et que des soins plus faciles à donner rendront l'homme moins négligent. Qu'il suive les préceptes qui lui ont été donnés par les observateurs éclairés et consciencieux; mais qu'il soit en garde contre les prétendues découvertes de certains auteurs. N'a-t-on pas imprimé récemment que les abeilles ne mangeaient pas le miel? En ajoutant foi à de pareilles assertions, on ne pourrait que faire rétrograder l'apiculture.

CHAPITRE VI.

De la piqûre.

207. *Moyens de guérir les piqûres.* — Si, malgré la précaution de l'affublement, une ou plusieurs abeilles venaient à vous piquer, il faudrait y remédier de suite. Le premier mouvement porte à arracher avec les doigts l'aiguillon fixé dans la peau. C'est une fort mauvaise habitude, car on presse ainsi la vésicule qui contient le venin et on l'instille dans la plaie, ce qui ne peut qu'augmenter la souffrance. Il faut, au contraire, pour arracher cet aiguillon, passer légèrement sur la peau le tranchant d'un couteau ou d'un canif qui enlève facilement le dard de la plaie ; on frotte ensuite la partie tuméfiée avec du miel, de l'huile, de l'eau fraîche pure ou mucilagineuse, et, à moins d'une susceptibilité très-grande, on peut continuer son opération.

Comme le venin est de nature fort acide, on a recommandé l'emploi de l'alcali ou ammoniaque. Cette substance peut être efficace ; cependant je m'en suis souvent servi inutilement, et j'ai vu un grave accident être la suite de son usage inconsidéré : aussi doit-on lui préférer l'eau de chaux que le docteur Brossard, de la Rochelle, met en usage avec un grand succès. Quelques personnes se servent d'eau blanche composée d'extrait de Saturne; d'autres préconisent l'emploi de l'urine.

Ici c'est avec de la terre qu'on recommande de frotter la piqûre; là, avec trois sortes d'herbes; ailleurs on préfère le jus des plantes aromatiques, auquel on attribue même des vertus spécifiques.

La guérison est due à la friction. — Mais, quelle que soit la substance dont on se serve, il faut frotter avec force, et c'est le frottement qui, en rendant leur activité aux vaisseaux absorbants de la partie piquée, les charge rapidement du venin et leur permet de le transporter dans la circulation, qui le dissipe bientôt.

208. *Graves accidents.* — Certaines personnes, malgré tous ces soins, éprouvent une enflure des plus désagréables; quelques-unes en sont véritablement malades. Elles éprouvent une anxiété précordiale fort pénible, une petite toux fréquemment répétée et presque une lipothymie, une syncope. Elles deviennent très-pâles, puis tout à coup une réaction subite se fait à la peau, qui devient rouge avec un sentiment de démangeaison irrésistible qui force le malade de se gratter jusqu'au sang. Dans

ces cas, après les soins ordinaires, on doit administrer de légers diaphorétiques dans lesquels on ajoute quelques gouttes d'ammoniaque.

Les personnes sur lesquelles les piqûres produisent d'aussi graves résultats doivent renoncer à soigner les abeilles; car, si elles étaient atteintes de nombreuses blessures, elles pourraient en mourir.

209. Les animaux éprouvent des symptômes analogues, et j'ai vu un chien si bien évanoui à la suite d'une trentaine de piqûres, qu'on le jeta sur le fumier. Cependant son maître, à force de le frictionner avec de l'ammoniaque, le rappela à la vie.

On sait que des chevaux, des bêtes à cornes, des faisans même ont péri sous les coups nombreux et redoublés des abeilles en furie.

210. On a dit que l'on s'habituait au venin des abeilles; cette assertion n'est pas fondée. La sensibilité, au contraire, ne fait qu'augmenter souvent d'intensité à la suite de fréquentes piqûres, comme je l'ai remarqué sur plusieurs personnes qui, à cause de cela, ont été forcées de renoncer à la culture des abeilles, quoiqu'elle les intéressât beaucoup.

211. Les spécifiques employés pour se garantir des coups des abeilles, autres que l'éther, le chloroforme, l'acide carbonique ou la vapeur des co-

ques de lycoperdon, peuvent être très-dangereux, comme a pu le juger un respectable professeur de botanique, qui, dans l'espérance de pouvoir travailler les abeilles sans danger, souleva une ruche, une main armée d'un spécifique à l'efficacité duquel il accordait une grande confiance, et n'en fut pas moins si maltraité qu'il en garda le lit plusieurs jours.

DEUXIÈME PARTIE.

DES RUCHES A CADRES VERTICAUX,

DE L'AFFUBLEMENT,

DES OUTILS ET USTENSILES.

CHAPITRE PREMIER.

Des ruches à cadres verticaux.

La facilité avec laquelle les ruches de différentes formes peuvent procurer le rajeunissement des essaims est, pour ainsi dire, la pierre de touche qui fait connaître la ruche qui mérite la préférence.

BEAUNIER DE VENDÔME.

Les ruches qui fournissent les moyens de renouveler la cire sont très-utiles pour les abeilles, parce que, si on y parvient, on n'aura que de la cire nouvelle, et la fausse teigne sera moins attirée dans les ruches.

FÉBURIER.

C'est en voyant l'intérieur de vos ruches que vous vous assurerez si la saison a été favorable à vos abeilles, si vous avez beaucoup à leur enlever ou si vous devez tout leur laisser, afin qu'elles puissent complétement vous dédommager l'année suivante.

DELAVABRE DE MURPHY.

212. *Considérations générales.* — Ces trois

préceptes, bien compris par tous les bons éducateurs, ont fait adopter un grand nombre de ruches dans le but de remplir les conditions qu'ils indiquent, conditions sans lesquelles l'éducation des abeilles ne peut être rationnelle et complétement profitable.

La ruche que je vais décrire réunit tous ces avantages de la manière la plus péremptoire. Les changements que j'ai fait subir à mes premiers essais ne constituent point un nouveau système; c'est seulement une amélioration, et non une modification essentielle. Les rayons sont plus faciles à enlever; ils peuvent être confectionnés avec beaucoup plus d'économie, et les ruches que l'on possède déjà peuvent recevoir cette dernière amélioration, qui est d'une application facile pour les ruches rondes vulgaires.

213. *Avantages de la ruche à cadres verticaux.* — Ma ruche ne permet pas seulement de voir ce que contiennent les rayons et de les rajeunir facilement, mais on peut encore, avec elle,

1° Recueillir le miel et la cire sans détruire ni chasser les abeilles;

2° Donner, au contraire, des provisions aux abeilles, si elles en manquent;

3° S'emparer de l'essaim avant qu'il parte, forcer même la ruche à en donner lorsqu'elle s'y refuse, ou l'empêcher, au contraire, d'en donner trop;

4° Voir les deux faces des rayons et y poursuivre les ennemis des abeilles qui s'y établissent;

5° Renouveler facilement l'air qui ne manque pas aux abeilles, alors même qu'on transporte la ruche au loin;

6° Donner aux abeilles des entrées en nombre suffisant dans les grands travaux, ou les diminuer et les supprimer même dans les temps de pillage;

7° Constater différentes causes de mortalité inconnues ou inappréciables jusqu'à ce jour, telles que la vieillesse de la reine, le ralentissement de la ponte, la pourriture du couvain.

Ajoutons à tous ces avantages qu'elle n'est pas d'une capacité absolue et qu'elle peut se rétrécir ou s'agrandir suivant les besoins de la population.

Je ne sache pas qu'aucune ruche connue permette de répondre à un programme aussi étendu.

214. *Ruche en menuiserie.* — On peut faire mes ruches en bois d'essence quelconque; celui qui est le moins coûteux doit être préféré. Les bois blancs ou résineux offrent d'assez grands avantages; ils

sont faciles à travailler et font des ruches plus légères.

La ruche, de quelque bois qu'elle soit faite, doit être peinte à l'huile extérieurement. Les abeilles se chargent de l'enduire intérieurement d'une sorte de résine composée de propolis qui la rend impénétrable.

La grandeur de la ruche peut varier suivant le pays qu'on habite, et elle doit, d'ailleurs, pouvoir être augmentée ou diminuée à volonté.

Ruche en menuiserie à cadres. Porte de la ruche.

Elle présente la forme d'un coffre dont la base est un carré qui a intérieurement 35 centimètres de côté. La face de derrière ou postérieure a 45 à

50 centim. de hauteur, la face de devant ou antérieure en a 35 à 40, et les faces latérales, que je désignerai sous le nom de *portes*, ont la forme de trapèze, dont les côtés parallèles ont, l'un la hauteur de la face postérieure, et l'autre celle de la face antérieure. Les faces postérieure et antérieure ont leur partie supérieure taillée en biseau, de manière à suivre l'inclinaison des portes. Ces quatre faces sont juxtaposées de façon que les deux portes soient entre les deux faces, et elles leur sont assujetties au moyen de quatre crochets *c*, *c*, *c*, *c* fixés sur chacune d'elles, et qui s'adaptent à quatre pitons placés sur les côtés des faces antérieure et postérieure.

Au bas de chacune de ces faces se trouvent quelques trous peu éloignés les uns des autres; ces trous ont 6 millimètres de longueur et 12 de hauteur : il suffit qu'ils soient au nombre de six sur chacune des faces. Ces trous sont les *entrées* de la ruche.

Lorsque le coffre que je viens de décrire aura été préparé, on fixera immédiatement au-dessus des entrées de la face antérieure, et sur sa partie intérieure, une tringle de 1 centimètre d'épaisseur. On en placera une autre de même dimension sur la partie interne de la face postérieure; mais celle-ci sera de 10 centimètres plus élevée que la première. Des mortaises *o, o*, de même dimension que les tringles, seront faites vis-à-vis d'elles sur les deux portes, qui pourront ainsi être poussées, à la distance qu'on voudra, dans l'intérieur de la ruche. Neuf planchettes de 27 millimètres de largeur et de 4 à 6 d'épaisseur seront ensuite fixées sur ces tringles; on laissera entre ces planchettes 9 millimètres d'intervalle.

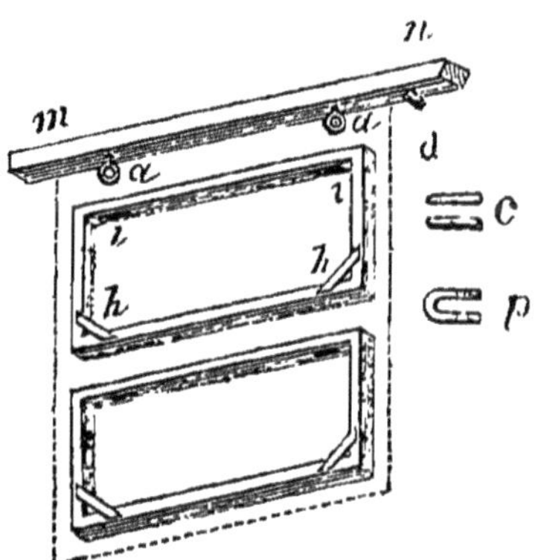

Cadres, pince, liteau, chevilles.

Le coffre de la ruche étant ainsi terminé, il reste à faire les *cadres*, qui doivent garnir son intérieur et qui en constituent la partie essentielle.

Ces cadres ne seront pas rectangulaires; mais ils auront la forme de parallélogrammes ayant leurs angles égaux à ceux que la partie supérieure des portes fait avec leurs côtés; ils seront formés de quatre planchettes qui auront 27 millimètres de largeur et 6 à 8 d'épaisseur. Les petits côtés de ces parallélogrammes doivent avoir pour longueur la moitié de celle qu'on obtiendra en diminuant de 6 millimètres la distance comprise entre la partie supérieure de la ruche et les planchettes qui ont été fixées sur les tringles. Les grands côtés, y compris l'épaisseur des petits, devront avoir une longueur égale à celle de la partie supérieure des portes, diminuée de 12 millimètres; de manière que, placés dans la ruche, les cadres laissent 6 millimètres d'intervalle entre leurs petits côtés et les faces antérieure et postérieure, et que deux cadres superposés descendent depuis la partie supérieure de cette ruche jusqu'à 6 millimètres au-dessus des planchettes posées sur les tringles.

Les grands côtés des cadres seront placés entre les petits, auxquels ils seront attachés par de fines pointes.

Pour augmenter la solidité de ces cadres, et surtout pour les maintenir à une distance convenable les uns des autres, lorsqu'ils seront placés dans la ruche, on mettra à la partie inférieure de chacun d'eux deux petits tasseaux *h*, *h* de 9 millimètres d'épaisseur; ces tasseaux seront cloués par des pointes sur la planchette latérale et sur la planchette inférieure.

La planchette supérieure de chaque cadre sera percée de deux mortaises *i*, *i*, assez longues pour recevoir facilement deux pitons dont nous allons parler; et je conseille, en outre, fortement de faire une saillie tout le long du dessous de cette planchette.

Les cadres seront au nombre de dix-huit; ils seront réunis deux à deux à l'aide d'une pince en tôle *p*, un peu plus longue que la planchette n'est large.

Pour couvrir la partie supérieure de la ruche, on fera ensuite neuf liteaux *m n* de 2 à 3 centim. d'épaisseur et de 50 centim. de longueur. Sept de ces liteaux auront 36 millimètres de largeur, et les deux autres, destinés à se trouver aux deux portes latérales de la ruche, devront avoir une largeur de 70 millimètres au moins, afin de pouvoir couvrir et même dépasser un peu les bords supérieurs des portes. Au-dessous de chaque liteau, et à 2 centimètres de l'extrémité qui devra porter sur la face postérieure de la ruche, on fixera un tasseau *d*, qui l'empêchera de glisser lorsqu'il sera en place.

Ces liteaux sont, en outre, destinés à porter les

cadres. Dans ce but, leurs faces inférieures recevront deux pitons *a*, *a*, qui devront correspondre aux mortaises *i*, *i* faites aux planchettes supérieures de ces cadres. Ces pitons traverseront les mortaises et seront maintenus par des chevilles en bois *c*, qui fixeront ainsi les cadres contre les liteaux.

La ruche sera alors complétement remplie par neuf doubles cadres de 27 millimètres de largeur, laissant entre eux des distances de 9 millimètres.

Pour que les cadres ne puissent pas ballotter quand on transportera la ruche, on adaptera à chaque porte (page 122, fig. 2) un crochet *b* qu'on pourra fixer, au besoin, à un piton porté par le liteau qui dépasse cette porte.

Afin de pouvoir fermer à volonté les entrées de la ruche, on disposera devant celles de chaque face une planchette *a* (page 122, fig. 2) arrondie par l'une de ses extrémités, qui sera fixée sur les parois de la ruche à l'aide d'une vis autour de laquelle elle aura la liberté de tourner. L'autre extrémité, qui sera mobile, sera traversée d'un piton qui permettra de l'arrêter au point où l'on voudra, et de laisser ainsi, suivant les besoins, les entrées ouvertes ou fermées. Ces planchettes recevront vis-à-vis de chaque entrée des coups de scie assez larges pour ne pas intercepter complétement le passage de l'air lorsqu'elles seront baissées.

Enfin la ruche ainsi achevée sera placée sur un *tablier t, t* de bois dur, de 3 à 4 centimètres d'épaisseur (page 122, fig. 1). Les bords de ce tablier, qui doivent dépasser ceux de la ruche de 4 à 6 centimètres, seront taillés en pente de dedans en dehors. Dans son milieu, on pratiquera une ouverture carrée *o* de 6 à 8 centim. de côté; cette ouverture, destinée à faciliter le renouvellement de l'air, sera couverte d'une toile métallique.

La ruche, placée sur son tablier, sera couverte immédiatement soit par une planche (page 122, fig. 1), soit par des tuiles, soit par une feuille de zinc.

Il n'est pas nécessaire que les deux portes soient mobiles; il suffit que l'une d'elles le soit : l'autre peut être solidement fixée par des pointes aux faces antérieure et postérieure.

Les portes peuvent aussi être remplacées, au besoin, par des châssis en toile métallique. On fera cette substitution et on fermera toutes les entrées lorsqu'on voudra examiner sans danger le travail des abeilles; on la fera encore lorsqu'on voudra renouveler l'air de la ruche, et c'est afin de pouvoir remplir ce deuxième but que le tissu métallique doit être préféré au verre.

Le tablier sera cloué sur trois ou quatre pieux assez forts, dégarnis de leur écorce et brûlés dans la partie qui entre dans la terre (page 122, fig. 1); ces pieux s'élèveront à 50 centimètres au-dessus du sol.

La partie supérieure de ma ruche est inclinée, afin de faciliter l'écoulement des eaux et surtout des vapeurs produites par la transpiration des abeilles. Ces vapeurs se condensent le soir, et les gouttes qu'elles produisent tomberaient, sans cette précaution, sur les mouches, qu'elles incommoderaient; mais, par suite de l'inclinaison de la partie supérieure, les gouttelettes provenant de la transpiration coulent entre les rayons et viennent tomber de la partie antérieure de la ruche sur le devant du tablier, où elles sont enlevées par l'action du soleil.

Les entrées pratiquées aux quatre côtés facilitent les courants d'air et abrégent le voyage des abeilles dans le fort des travaux ; elles permettent aussi aux abeilles, dans les moments de danger, de rentrer plus rapidement.

Les planchettes fixées sur les tringles peuvent ne pas paraître nécessaires ; mais elles ont cependant une certaine utilité. Si elles n'existaient pas, il faudrait détruire les parties de rayons construites au-dessous des cadres, toutes les fois qu'on est obligé, comme nous le verrons plus tard, de porter le cadre inférieur à la place du supérieur. Les planchettes permettent, au contraire, de laisser ces portions de rayons jusqu'en octobre, époque où elles deviennent inutiles.

L'ouverture du centre du tablier est indispensable ; c'est par là que pénètre l'air quand on est obligé de fermer les portes, soit dans le transport des ruches, soit lors des récoltes, époque où cette précaution est indispensable pour éviter le pillage.

Cette ruche est un peu coûteuse, d'une exécution assez difficile; mais elle présente tant d'avantages, elle répond si bien aux exigences les plus minutieuses des règles les plus strictes d'une éducation rationnelle, qu'il faut la préférer à toute autre.

215. *Ruche économique en menuiserie.* — Cependant bien des éducateurs ne pourraient jouir des avantages des ruches à cadres ainsi organisées, parce que leurs ressources ne leur permettraient pas d'en supporter les frais; aussi ai-je fait d'heureuses tentatives pour en diminuer le prix. Ainsi,

au lieu des deux cadres superposés, je prends un osier ou une jeune tige de châtaignier dont je fais deux arceaux. Le premier de ces arceaux, *m n o*,

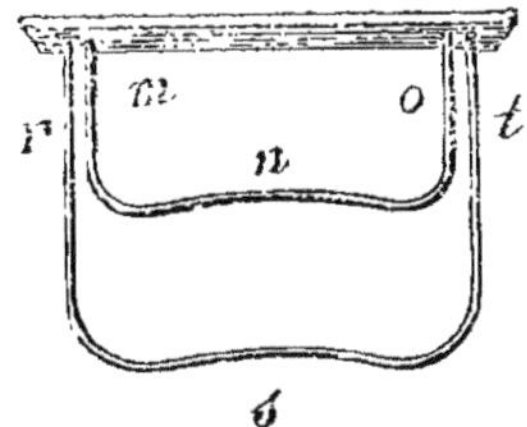

Cadres en osier.

occupe le tiers supérieur de la ruche, et le second, *r s t*, qui enveloppe le premier, descend jusqu'à deux doigts du tablier. Ces deux arceaux sont fixés dans deux trous ou deux mortaises qui traversent les liteaux, et j'ai le plus grand soin qu'ils ne touchent pas aux parois antérieure et postérieure de la ruche. Je mets deux arceaux au lieu d'un seul, parce que, si l'on se décide à *tailler* avant que tout le couvain soit éclos, on peut, après avoir enlevé le plus petit arceau, remonter l'autre à sa place, comme nous l'expliquerons plus tard, et faire un nouveau grand arceau avec une branche d'osier.

Une cale suffisamment large tient chaque arceau à distance convenable de son voisin, de manière que les rayons ne se touchent pas.

216. *Ruche commune à cadres.* — Cette sim-

plification étant apportée aux ruches en menuiserie, il est facile d'en faire autant pour les ruches vulgaires. Il suffit de couper leur partie supérieure,

Ruche commune à cadres.

de les renverser et de couvrir la partie inférieure, qui est devenue supérieure, d'autant de liteaux de 56 millimètres de largeur que son diamètre peut en porter. Des cadres en osier y seront ensuite établis comme il vient d'être expliqué pour la ruche en menuiserie.

La ruche vulgaire ainsi disposée, que j'appellerai *ruche commune à cadres*, n'a pas tous les avantages de la précédente : ainsi elle ne permet pas de surveiller avec facilité la direction des rayons ; on est toujours obligé de mettre les liteaux à la même place, parce qu'ils n'ont pas une longueur uniforme. L'extraction du premier gâteau peut entraîner la destruction d'un certain nombre d'abeilles. Mais elle est bien supérieure aux ruches qui sont en usage ; car, sans aucune augmentation de dépense, elle permet au pauvre cultivateur

1° De tailler sans sacrifier ni couvain ni abeilles ;

2° De saisir les essaims avant leur sortie ;

3° De détruire la fausse teigne.

Ses dispositions peuvent, d'ailleurs, être appliquées aux ruches en tronc d'arbre, en paille, et à celles qui ne seraient faites qu'en planches grossières, et la simplicité de sa manipulation améliorera nécessairement l'éducation des abeilles.

217. *Ruche de l'observateur.* — La ruche de l'observateur construite d'après mon système est tellement mince, qu'elle ne porte qu'un rayon du haut en bas entre deux vitrages ; mais sa description serait trop longue pour pouvoir trouver place dans ce court abrégé : je le regrette beaucoup, car elle m'a causé bien des jouissances.

CHAPITRE II.

De l'affublement, des outils et ustensiles.

§ 1. DE L'AFFUBLEMENT.

218. *Nécessité d'un affublement.* — Avant de rien entreprendre avec les abeilles, ne fût-ce que pour recueillir un essaim, et lors même que vous seriez au nombre de ces personnes privilégiées qui sont insensibles à la piqûre de ces insctes, vous devez vous couvrir de telle sorte que vous soyez parfaitement à l'abri de leurs attaques. On a vu des accidents terribles suivre la négligence ou la témérité de certaines personnes qui les approchaient sans précautions et prétendaient avoir des secrets pour les forcer d'être tranquilles.

Les abeilles irritées par quelque cause que ce soit se précipitent avec une telle fureur sur la personne qu'elles regardent comme leur ennemie, qu'elles ne tiennent aucun compte des substances repoussantes ou agréables dont elle a pu se couvrir.

219. *Description de l'affublement.* — Une

blouse des plus communes, d'une couleur quelconque, sans ouverture ni sur le devant ni sur les côtés, à laquelle on a cousu un tulle de coton à mailles lâches, de couleur noire ou verte, est la pièce la plus importante de l'affublement dont il faut se munir. Le tulle doit former un sac assez large et assez long pour recouvrir le chapeau au-dessus duquel il se ferme par une coulisse ; il est bon de mettre au cou une collerette en carton d'un diamètre assez grand pour faire tendre le voile, et alors la figure est complétement à l'abri de toute atteinte. On peut serrer cette blouse avec une ceinture, mais il est mieux de l'introduire dans le pantalon.

Les mains sont parfaitement garanties au moyen de sacs en toile cirée doublés des deux côtés en calicot. Ces espèces de gants doivent être très-larges, sans doigts, et ils se serrent soit au moyen d'une jarretière élastique, soit au moyen d'un cordon passé dans une coulisse.

Un pantalon à pied, large, sans pont, mais se fermant par une coulisse et se terminant par des chaussons en cuir, complète l'affublement dont je me sers et qui, grâce à l'étendue du voile, permet d'être aussi à son aise que si l'on était découvert.

Les abeilles ont un instinct tout particulier pour se glisser à l'ombre par le plus petit trou qui leur offre un passage; aussi faut-il avoir le plus grand soin de tenir son affublement en bon état. J'ai vu trente abeilles passer sous un pantalon au travers d'une botte décousue.

Lorsqu'un pareil accident arrive, il faut rester calme, se retirer, sans se presser, à l'ombre et dans un lieu frais, et là se déshabiller tout doucement. Malheur à celui qui se sauverait ou qui frapperait les mouches! Mais restez tranquilles, et elles ne vous piqueront pas.

§ 2. DES OUTILS ET USTENSILES.

220. *Enfumoir*. — Une certaine dose de fumée produite avec du vieux linge, de la bouse de vache desséchée, du foin mouillé, des coques de noix met les abeilles en état de *bruissement*, état pendant lequel elles sont inoffensives. Mais, comme elles se font brûler à la flamme produite par ces objets, on a inventé, pour éviter cet inconvénient, un *enfumoir* fort commode. C'est un cylindre en tôle, terminé à ses extrémités par deux douilles, dont l'une est allongée et laisse sortir la fumée; l'autre est élargie pour recevoir un soufflet, au

moyen duquel on chasse de l'air dans le cylindre, pour activer la combustion des corps qu'on y a introduits. On se contentait, autrefois, d'un réchaud sur lequel on mettait un entonnoir en terre cuite pour laisser passer la fumée qu'on dirigeait dans la ruche.

Les personnes qui n'ont pas d'appareils et qui veulent se servir de fumée peuvent se contenter de mettre entre deux toiles les matières qu'elles veulent brûler, ce qui empêchera les abeilles de se faire griller.

Je ne me sers plus de fumée, car j'en ai souvent éprouvé l'inutilité. Avant que les abeilles soient en bruissement, on n'est nullement à l'abri de leurs piqûres; de sorte qu'il faut, au préalable, être toujours affublé. L'ancien camail était si lourd, donnait si peu d'air, que l'on conçoit l'avantage qu'il y avait alors à se servir de la fumée ou à asphyxier momentanément les abeilles, afin de pouvoir s'en débarrasser promptement; mais le camail dont je me sers est si léger, qu'on éprouve fort peu de gêne à travailler les abeilles lorsqu'on en est revêtu, et qu'il est, par conséquent, facile de se passer de les mettre en bruissement ou de les asphyxier.

221. *Substances asphyxiantes; lycoperdon* ou

vesse-de-loup. — Parmi les substances qui asphyxient momentanément les abeilles, je dois mettre au premier rang le *lycoperdon* ou *vesse-de-loup*, dont l'enveloppe desséchée fournit une abondante fumée qui les endort immédiatement; ce sommeil dure un quart d'heure ou vingt minutes. Plusieurs auteurs ont signalé cette propriété du *lycoperdon*, et je l'ai constatée par quelques expériences. On se servira des enfumoirs que j'ai fait connaître, quand on voudra employer cette substance.

L'éther et le chloroforme. — Les singuliers effets de l'*éther* et du *chloroforme* sur l'homme ont engagé à employer ces deux substances sur les abeilles, et on l'a fait avec un remarquable succès.

Les appareils qu'on a construits pour s'en servir sont coûteux et difficiles à manier; aussi ne les décrirai-je pas.

Lorsque je veux employer l'éther ou le chloroforme, je le verse dans une soucoupe que je recouvre d'un demi-globe en toile métallique, et que je pose sur un drap étendu à terre; puis, suspendant la ruche sur des cales au-dessus de la soucoupe, je relève le drap et je le serre autour de la ruche. Il se fait alors un grand bruissement pendant cinq minutes, puis ce bruissement cesse tout à coup; je détache alors le drap sur lequel les abeilles sont tombées pour le plus grand nombre.

L'éther et le chloroforme sont évidemment les deux substances qui devraient être préférées pour l'asphyxie des abeilles, et mon procédé est le plus simple qu'on puisse employer; mais ces substances sont coûteuses, et elles ont, en outre, l'inconvénient de laisser longtemps leur odeur au miel.

Le gaz acide carbonique. — Pour les remplacer par un corps inodore et peu coûteux, je me suis servi du gaz acide carbonique, dans lequel les abeilles s'asphyxient très-bien, et où elles peuvent, d'ailleurs, rester assez longtemps sans courir le risque de perdre la vie.

Pour obtenir ce gaz, je mets, dans une bouteille d'eau d'une contenance de 3 à 4 litres, trois ou quatre poignées de marbre concassé, de craie, de tuffeau ou de marne; je verse sur ces matières une quantité d'eau commune assez grande pour les couvrir, puis j'y ajoute 1 litre d'acide muriatique. Je ferme la bouteille avec un bouchon traversé par un tube en verre terminé par un tube en caoutchouc qui plonge dans une cuve en terre cuite ou en zinc assez large pour recevoir une ruche. L'acide carbonique, plus lourd que l'air, le soulève, le remplace, et au bout d'une demi-heure la cuve en est aux trois quarts pleine.

Je descends alors dans cette cuve la ruche fermée par un sac en canevas dans lequel les abeilles tombent asphyxiées. Ici il n'y a point de bruissement ; l'asphyxie est instantanée. Je retire la ruche de la cuve, je ferme le sac avec une coulisse et je procède à l'opération que je me proposais. Si je me sers d'une de mes ruches, les abeilles tombent sur le tablier, et on n'a pas besoin de s'en inquiéter ; elles restent assez longtemps engourdies pour permettre d'agir avec toute sécurité.

Malheureusement l'acide carbonique ne reste pas longtemps pur, il se mêle peu à peu avec l'air ambiant, et après deux heures il n'y en a plus dans la cuve.

Tels sont les procédés à employer pour asphyxier les abeilles ; mais sont-ils bien utiles? sont-ils d'une application pratique très-avantageuse? Je ne le crois pas et je les fais connaître bien plus pour l'amateur que pour le véritable praticien, qui, se couvrant bien et n'opérant que par un temps convenable, n'a aucunement besoin ni d'asphyxier les abeilles ni de les mettre en bruissement par l'action de la fumée.

M. de Ch..., qui s'occupe avec intelligence de la

direction d'un rucher suivant notre méthode, pense que tout affublement est inutile. Il est parvenu, en portant chaque ruche dans un cabinet fort obscur, à faire ses récoltes et ses essaims, et à traiter ses abeilles sans en être nullement incommodé.

Je crois maintenant devoir donner la description d'une suite d'outils et ustensiles réellement utiles au praticien.

222. *Cératome* ou *mellitome*. — Le *cératome* ou *mellitome* est une tige de fer ronde et polie,

Cératome ou mellitome.

de 9 millimètres d'épaisseur et de 50 à 60 centimètres de longueur, dont une des extrémités *a* se termine par une lame de 3 à 4 centimètres de largeur sur autant ou plus de longueur. Cette lame est tranchante sur les côtés et à son extrémité. L'autre bout *b* est recourbé, aplati du haut en bas, tranchant sur les côtés, n'ayant que 9 millimètres de largeur et un peu pointu. Le talon doit être taillé carrément.

Cet outil sert surtout à couper les rayons que

l'on veut enlever des vieilles ruches vulgaires que l'on transvase ; nous donnerons, plus tard, la manière de s'en servir dans cette opération. On peut briser cet outil vers le milieu et réunir ses deux parties par un pas de vis, ce qui le rend portatif et moins embarrassant quand on n'a besoin que d'un de ses bouts.

223. *Casier.* — Lors de la récolte d'une ruche, on est obligé, parfois, de séparer les deux cadres qui sont superposés, et il faut alors un meuble où on puisse les placer. C'est ce meuble que je nomme un *casier ;* sa construction est des plus simples.

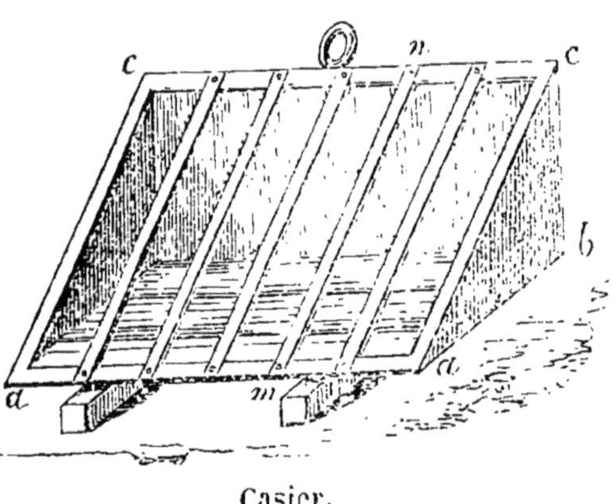

Casier.

Une planche *a a b b*, de 5 décimètres de longueur et de 35 centimètres de largeur, forme le fond du casier; une deuxième planche *b b c c*, de même dimension, est clouée contre l'un de ses longs côtés *b b*, et forme avec elle un angle égal à celui des cadres. Leur assemblage est consolidé par deux planches triangulaires *a b c* clouées sur leurs petits côtés *a b*, *b c*, et par des baguettes *m n* de 1 centimètre d'épaisseur, clouées sur leurs grands côtés *a a*, *c c*, de 5 centimètres en 5 centimètres. Ces baguettes ont, en outre , pour but, de séparer et de maintenir les cadres lorsqu'ils sont posés dans le casier; enfin deux autres baguettes de 1 centimètre d'épaisseur sont clouées sur toute la longueur de la planche *a a b b*, qui sert de base au casier, planche sur laquelle les cadres doivent être posés, et ces baguettes empêchent qu'ils n'écrasent les abeilles.

Un bois blanc et mince suffit pour la construction de ce meuble.

Pour les ruches rondes, une autre ruche vide sert parfaitement bien de casier.

224. *Baquet.* — Un *baquet* en bois ou en ferblanc est nécessaire pour recevoir le miel que l'on taille; mais il faut que le couvercle du baquet ferme par un ressort. On peut cependant se passer de ce ressort en partageant le couvercle en deux parties que l'on réunit au moyen de deux cuirs un peu forts. Avec un vase ainsi disposé, les abeilles ne peuvent piller les récoltes que l'on fait, ce qui

arrive assez souvent lorsqu'on ne prend pas cette précaution.

225. *Mellificateur.* — J'ai nommé *mellificateur* la boîte dans laquelle j'expose les rayons au soleil pour en extraire le miel : elle sera d'une dimension relative à l'importance de l'exploitation. Pour dix ruches et plus, il suffit de lui donner une longueur *a b* de 1 mètre sur une largeur *bc* de 60 à 70 centimètres. Sa partie postérieure *ch* aura

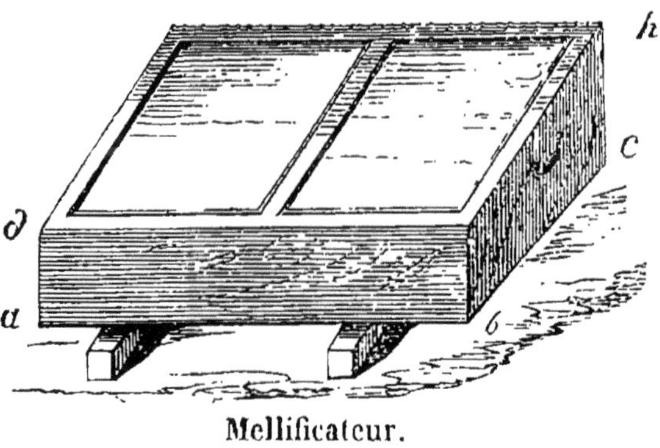

Mellificateur.

40 centim. de hauteur, et sa partie antérieure *a d* 32 à 33. Le fond et les quatre côtés seront parfaitement joints par des rainures. Pour que le fond ne se gâte pas sur le sol, on fixera au-dessous de lui deux traverses de 3 à 4 centimètres d'épaisseur.

A 20 centimètres du fond et en dedans de la boîte, on établira des tringles de 10 à 12 millimètres d'épaisseur. Ces tringles serviront d'appui à un châssis qui devra entrer librement dans la boîte; ce châssis sera séparé en deux parties égales par une traverse. Il régnera, dans tout son pourtour, une série de pointes, la tête en haut, à 3 ou 4 centimètres les unes des autres.

Cette boîte sera fermée par un châssis vitré formant feuillure tout autour; il faut que ce châssis soit libre et ne tienne pas par des charnières.

Quand la saison où l'on récolte le miel est froide, on remplace le châssis vitré par une plaque de tôle présentant, dans sa partie supérieure, un bassin pour recevoir des charbons ardents; on se sert de cette plaque comme d'un four de campagne.

Un canevas peu serré, bien ourlé sur les bords, de mêmes largeur et longueur que le châssis du dedans, est fixé sur les pointes dont est garni ce châssis.

Deux bassines sont placées dans la boîte au-dessous du canevas; elles sont destinées à recevoir, l'une le miel des rayons neufs, l'autre celui des rayons vieux; elles sont en zinc et ont une profondeur de 8 à 10 centimètres. Leurs poignées doivent être tournées en dedans.

Cette boîte remplace, on ne peut plus avantageusement, toutes sortes de pressoirs dont on a l'habitude de se servir.

On peut mettre une poignée extérieure à chacun de ses côtés pour la porter à deux.

226. *Tamis.* — Un *tamis* en soie est indispensable pour purger le miel de la cire et des ordures qui ont pu descendre avec lui.

227. *Vaisseaux.* — Le miel devra être renfermé dans des *vaisseaux* qui seront en grès ou en bois suivant les transports qu'ils devront supporter. Un vaisseau de la contenance de 20 litres peut recevoir 25 kilogrammes de miel.

228. *Draps.* — Un *drap* en gros fil est nécessaire non-seulement pour les transvasements, mais aussi pour toutes les opérations où l'on dérange les cadres d'une ruche. Les abeilles courent sur ce drap; on les voit, on évite de les tuer, et elles ne se salissent point.

229. *Plumes.* — L'apiculteur, ne se servant plus de fumée, devra être muni de *plumes* pour chasser les abeilles.

230. *Demi-globe.* — Un *demi-globe* en toile métallique ou bien un petit *globe* entier est indispensable pour tenir la reine captive toutes les fois qu'on a une opération à faire et qu'on peut la prendre.

231. *Tenailles, sécateur, couteau, égohine.* — Il faut des *tenailles* pour arracher les traverses des vieilles ruches et un *sécateur* pour les couper dans le cas où les tenailles ne suffiraient pas. On doit avoir encore un bon *couteau*, une *égohine* même pour détruire les ruches, quand cela est nécessaire.

232. *Fil de fer.* — Enfin on doit être muni de *fil de fer* très-fin pour attacher les rayons sur les cadres.

233. *Sac.* — Un *sac* pour recueillir les essaims doit aussi faire partie de tout cet attirail. Il sera en canevas serré tenu ouvert par deux cercles en fil de fer dont un au fond, l'autre aux deux tiers de la hauteur. Son entrée sera à coulisse pour qu'il puisse être fermé rapidement. Ce sac sera assez large pour qu'un gros essaim n'y soit pas comprimé. Ainsi il suffira qu'il ait une hauteur de 35 centimètres sur un diamètre de 30.

234. *Flacons.* — Des *flacons* contenant de l'ammoniaque liquide et de l'eau de chaux ou de l'eau de Saturne sont encore indispensables.

TROISIÈME PARTIE.

SOINS A DONNER AUX ABEILLES,

OU APICULTURE PROPREMENT DITE.

INSTALLATION DU RUCHER;
ACHAT ET RÉCOLTE DES ESSAIMS;
DIRECTION D'UN RUCHER COMPOSÉ DE RUCHES A CADRES VERTICAUX; DU MIEL ET DE LA CIRE.

CHAPITRE I.

Installation du rucher.

CONTRÉES ET PLANTES FAVORABLES A L'ÉTABLISSEMENT D'UN RUCHER; EXPOSITION DU RUCHER ET DISPOSITION DES RUCHES; ACHAT DES RUCHES ET LEUR TRANSPORT.

> Pendant l'été, nos campagnes sont couvertes de fleurs pleines de miel et de cire; nous perdons ces revenus délicieux, faute d'avoir assez d'abeilles, qui seules savent faire cette récolte. Les abeilles, enfin, sont une branche de l'économie rurale d'autant plus précieuse qu'elle est à la portée des pauvres habitants des campagnes; elle ne demande ni engrais, ni labours, ni semences. C'est dans ce genre qu'il est exactement vrai de dire que l'on recueille sans semer.
>
> RÉAUMUR.

§ 1. CONTRÉES ET PLANTES FAVORABLES A L'ÉTABLISSEMENT D'UN RUCHER.

255. *Contrées favorables à l'établissement d'un*

rucher. — La France n'a pas assez d'abeilles ; on doit donc essayer de les multiplier; mais il faut bien se garder d'engraisser les terres, de les labourer, de semer ou de planter pour elles. Lors donc qu'on voudra se livrer à ce genre de culture, on devra choisir un lieu où la nature ait tout fait pour les abeilles et qui ne soit pas susceptible de recevoir des améliorations agricoles qui puissent faire disparaître prochainement les plantes qui conviennent à ces insectes et qui leur sont indispensables.

On basera aussi sur la nature de la localité la quantité de ruches qu'on pourra y établir, et il ne faudra pas craindre de n'en avoir, pendant plusieurs années consécutives, qu'un nombre restreint ; une année mauvaise suffirait pour ruiner votre rucher, s'il était trop considérable.

Il y a des contrées plus favorables que d'autres à la culture des abeilles ; ainsi les îles de la Méditerranée , les côtes de l'Océan , les pays de forêts et de bruyères, ceux où l'on cultive le sarrasin fournissent d'abondantes récoltes de miel et de cire. Les pays de montagnes, où croissent naturellement les plantes aromatiques, donnent une excellente qualité de miel.

Les contrées où l'on fait des prairies artificielles de sainfoin, de trèfle et de luzerne, celles où l'on cultive les choux, le colza ; les environs des villes qui ont un grand nombre d'arbres fruitiers, d'arbres et de plantes d'agrément ; les localités où il y a beaucoup d'arbres verts, conviennent parfaitement ; mais ces pays demandent de la prudence dans les récoltes, car ceux qui sont couverts de prairies artificielles n'offrent rien ou presque rien aux abeilles après qu'on les a fauchées : il en est de même, après que la fleur des choux est passée, dans le pays où on se livre à cette culture, si le reste de la contrée n'est occupé que par des céréales. Aussi, dans ces pays, a-t-on coutume de faire voyager les ruches après la récolte de ces diverses plantes ou la disparition de leurs fleurs.

Dans les environs des villes, lorsque les gelées printanières détruisent les fleurs des arbres fruitiers, les abeilles courent les plus grands risques, parce qu'elles ne trouvent plus que des fleurs doubles ou des fleurs de légumes, qui ne leur fournissent pas plus de ressources les unes que les autres.

256. *Plantes qui conviennent le mieux aux abeilles.* — La nature de cet ouvrage ne permet pas de faire une nomenclature complète de toutes les plantes qui conviennent le mieux aux abeilles. Dans un autre traité plus étendu nous classerons ces plantes méthodiquement, et nous tâcherons de n'en omettre aucune. Cette nomenclature ne pourrait, d'ailleurs, servir qu'aux amateurs, puisqu'il est bien convenu qu'il n'y a avantage à élever des abeilles que dans les pays où elles prospèrent depuis longtemps, ou bien dans ceux où la nature a tout fait pour elles.

Toutes les plantes qui ont une large corolle, presque toutes les labiées; celles dont les tiges, les feuilles se couvrent de miellée, conviennent parfaitement aux abeilles. Le réséda, le tilleul, les sycomores, les arbres verts, le romarin, l'hysope, le thym, la sarriette annuelle ou vivace, la lavande, les pavots, les fèves, les catalpas, les asters, les verges d'or, les centaurées, les chicoracées, les cucurbitacées, les oignons leur offrent une abondante et exquise nourriture.

Certaines plantes ne paraissent pas leur convenir, car on les y voit fort rarement. Je citerai, entre autres, le sureau, les clématites, le genêt d'Espagne et même les orangers.

Il ne faut pas croire qu'il soit inutile d'avoir son rucher au milieu des plantes qui conviennent aux abeilles, sous prétexte qu'elles vont butiner au loin. Certes on ne peut nier ce fait ; mais, quand les abeilles sont obligées de s'éloigner pour chercher leur nourriture, beaucoup périssent en route, et avant peu la ruche faiblit, tandis que le rucher entouré de plantes convenables prospère toujours.

237. *L'eau est indispensable aux abeilles.* — Les abeilles, comme nous l'avons déjà dit, ont un besoin indispensable d'eau ; elles s'en abreuvent soit en la puisant avec leur pompe, soit en la prenant dans la corolle des fleurs, où elle tient toujours le miel à l'état liquide. Si donc le rucher n'avait pas d'eau dans son voisinage, il faudrait avoir soin, dans les temps secs, de fournir aux abeilles cet indispensable aliment.

Certaines eaux ne paraissent pas leur convenir, et elles préfèrent celles qui sont stagnantes, fangeuses et mêlées aux excréments des animaux et aux lavures des cuisines. On les voit souvent lécher les eaux de vaisselle qui sortent par la gargouille de l'évier.

§ 2. EXPOSITION DU RUCHER ET DISPOSITION DES RUCHES.

238. *Exposition du rucher.* — Si l'on en jugeait par le choix que les abeilles font très-souvent de leur gîte et par ce que nous avons dit en parlant des essaims, on serait tenté de croire que l'exposition du rucher est assez indifférente.

Cependant tous les bons éducateurs se sont vivement préoccupés de cette question, et l'opinion la plus souvent émise est celle qui consiste à regarder comme préférable l'exposition de l'est. On trouve, en effet, fréquemment des ruchers exposés de cette manière; mais comme on profite généralement d'un mur, d'une haie pour les abriter, il n'en est pas toujours ainsi, et dans les bonnes années toutes les expositions sont bonnes.

On a seulement remarqué que les abeilles qui étaient tournées vers l'ouest étaient plus tardives à aller aux champs ; ce qui peut leur être nuisible dans les années sèches, parce que, l'humidité du matin disparaissant alors de bonne heure, les abeilles peu matinales ne trouvent plus qu'un miel desséché dans les fleurs.

Ainsi l'exposition de l'est devra être préférée pour le rucher, à moins que quelque raison particulière n'en fasse préférer une autre; mais, quelle que soit cette exposition, on tournera vers l'est la partie basse des ruches carrées et les entrées des ruches rondes.

259. *Disposition des ruches ; précautions contre l'excès de chaleur ou de froid ; les hangars.* — On les tiendra assez élevées au-dessus de la terre pour que l'humidité du sol ne les pénètre pas. J'ai dit

qu'il fallait les placer sur trois ou quatre pieux fixés en terre, et je les tiens à 50 centimètres de hauteur pour faciliter leur manipulation. Je ne les couvre de branchages, de paille et de surtouts que lorsqu'il y a excès de chaleur ou de froid. Il existe des pays tellement chauds, que les entrées de mes ruches ne suffisent pas. Lorsqu'il en est ainsi, on les élève au moyen de cales, pendant la saison brûlante, de 1 ou 2 décimètres au-dessus du tablier.

Il ne faut pas placer les ruches trop près des haies ou des murs qui servent de refuge aux oiseaux, aux lézards, aux papillons, et donnent des points d'appui aux toiles des araignées; il faut enfin pouvoir circuler autour de chaque ruche, et il vaut mieux, pour les visiter, passer derrière que devant. Le sol du rucher sera tenu propre et solide ; il serait bien qu'il fût couvert d'une matière qui ne se réduisît ni en boue ni en poussière. Pour empêcher l'herbe de pousser, je répands sur la terre des cendres de lessive de quelques centimètres d'épaisseur.

Quant aux hangars sous lesquels on met quelquefois les ruches, ils sont nuisibles et doivent être rejetés; j'y ai toujours vu les abeilles tourmentées par un grand nombre d'ennemis, et surtout par la fausse teigne. Ce sont, d'ailleurs, des constructions dispendieuses qui ne peuvent recevoir que quelques ruches.

240. *Les ruches doivent être isolées.* — Les ruches, posées les unes auprès des autres sur de longues planches, sont fort sujettes à se piller; il vaut mieux qu'elles soient isolées.

241. *On peut les placer le long d'un mur.* — Quand on n'a pas d'autre place, on peut les mettre le long des murs, au-dessous de la saillie de la couverture; le cordon de vigne qui y règne ordinairement les garantit des trop grandes chaleurs.

242. *Elles doivent être rapprochées des habitations.* — Les ruches doivent être près des habitations, mais dans un lieu qui ne soit pas trop fréquenté par les hommes ou les animaux, car les mouvements continuels inquiètent les abeilles, qui se jettent sur les travailleurs ou pourchassent au loin le bétail; il faut aussi élever des barricades devant les ruchers, pour empêcher les gros animaux de renverser les ruches et les poules de venir manger les abeilles : ces barricades servent même de défense contre les voleurs de toute espèce.

243. *Les usines nuisent aux abeilles.* — Le voisinage des usines, où il se produit beaucoup de fumée, convient peu aux abeilles, qui doivent être

nécessairement incommodées par les nuages sulfureux qui en sortent et qu'elles sont obligées de traverser. Lorsque les raffineries de sucre avaient des chaudières ouvertes, il périssait dans ces chaudières beaucoup d'abeilles qui venaient y chercher leur nourriture; mais actuellement ces raffineries sont un très-bon voisinage, si j'en juge par ce qui se passe à la Villette.

244. *Arbres à planter près du rucher.* — Quoique les essaims ne puissent plus se perdre avec les ruches à cadres, il faut cependant avoir dans les environs du rucher quelques petits arbres qui donnent un peu d'ombre, tempèrent l'action des vents et puissent recevoir un essaim qui échapperait à votre surveillance.

Mais il faut tenir les ruches éloignées des grands arbres où les essaims sont difficiles à cueillir, et surtout des forêts, parce que les abeilles, jetées dans leur masse par le vent, ne peuvent plus gagner leur rucher.

245. *Le bruit n'incommode pas les abeilles.* — Il est à croire que le bruit n'incommode pas beaucoup les abeilles, car on voit faire d'abondantes provisions de miel dans certaines églises, et les essaims s'y jeter comme à l'envi.

246. *Les fumiers et les marais leur nuisent.* —

Les fumiers et les marais ne nuisent pas aux abeilles par les mauvaises odeurs qu'ils exhalent, mais bien par les animaux qui s'y développent. Les marais, d'ailleurs, fournissent peu de plantes convenables aux abeilles.

247. *Local destiné à la manipulation des ruches.* — Un cabinet obscur, une charmille profonde, une tonnelle épaisse devront se trouver auprès du rucher, afin de pouvoir y porter les abeilles lorsqu'elles seront trop irritables.

§ 3. ACHAT DES RUCHES ET LEUR TRANSPORT.

248. *Époque de l'achat des ruches.* — Dans les pays où l'on a l'habitude de tuer les abeilles pour faire la récolte des provisions qu'elles ont accumulées avec tant de peines et de soins, il faut nécessairement choisir pour l'achat des ruches l'époque où s'exerce ce massacre; car, avant ou après cette époque, on éprouve mille difficultés fondées sur des préjugés sans doute absurdes, mais qui n'en ont pas moins pour point de départ le respect porté généralement aux abeilles.

Comme c'est en octobre que l'on récolte le miel dans ces pays, on court quelques risques pendant la durée de l'hiver, si l'on n'a pas acheté de très-fortes ruches; mais il faut s'y résigner. D'ailleurs leur acquisition, en été, au moment de l'essaimage, en augmente toujours le prix, et leur transport est alors des plus dangereux.

249. *Choix des ruches.* — On achètera de préférence les ruches qui auront jeté un essaim ; on sera certain alors d'avoir une jeune reine, car il ne faut pas oublier que c'est la vieille qui part pour aller fonder une colonie. Il ne faudra pas tenir compte de la couleur enfumée des rayons, si la ruche est bien lourde; quand ils sont très-jaunes et qu'ils tombent sur le tablier, il faut renverser la ruche et voir s'ils n'ont point été rognés au printemps, pratique assez commune en certains pays.

Les bonnes ruches seront parfaitement soudées au tablier, et, lorsqu'on les frappera du doigt, les abeilles devront répondre par un bruit sourd et profond longuement prolongé; si, au contraire, ce bruit est sec et argentin, la ruche est peu peuplée et mal garnie. Les gardiennes, après ce choc, ne doivent pas tarder à venir à la porte voir ce qui se passe.

La ruche, détachée et renversée, doit présenter ses rayons tout couverts d'abeilles, dont le plus grand nombre offrira un point blanc sur le dernier anneau ; elles auront leurs ailes peu frangées et leur corps luisant. Le tablier sera propre et d'une belle couleur jaune.

Le poids d'une bonne ruche, qui n'est pas trop chargée de mortier, doit être de 20 à 25 kilog. pour une capacité de 35 centimètres de largeur sur 40 de hauteur.

Si vous visitez la ruche par un beau jour, les abeilles doivent aller et venir avec activité et rapporter du pollen.

Vous chercherez de préférence la petite hollandaise à cause de toutes ses qualités, et si, par hasard, vous voyez la reine et qu'elle ait les caractères de vétusté que nous avons signalés, vous refuserez la ruche.

S'il est possible d'acheter les ruches aux premiers jours du printemps, on devra être moins exigeant sur leur poids et sur la quantité des abeilles ; mais il faudra que les mouches soient vives, actives, luisantes, sans pou ; le point blanc du dernier anneau devra exister encore, quoiqu'un peu jaune.

250. *Prix des ruches.* — Le prix des ruches varie suivant les pays, mais il est généralement de 60 à 80 centimes le kilog., parfois même le poids de la ruche déduit ; l'acquéreur doit alors la ren-

dre. Il vaut mieux traiter de cette manière, parce qu'il est certains éducateurs qui mettent une pierre au fond de leur ruche, sous prétexte de la soutenir contre le vent.

On sent que l'achat des ruches à cadres ne présente aucune fraude possible ni aucun danger inconnu, puisqu'on peut en visiter tout l'intérieur avant de conclure.

251. *Transport des ruches.* — Le prix débattu et convenu, il faut s'occuper de transporter les ruches à la place qu'on leur destine. Si la personne à qui l'on a acheté mérite toute confiance et qu'elle veuille bien les garder, on attendra les temps froids pour opérer ce transport, qui se fera le soir ou de grand matin, lorsqu'on les porte peu loin. La ruche que l'on veut déplacer est soulevée et mise sur un drap qu'on relève et qu'on serre tout autour d'elle; puis elle est renversée sur une hotte ou sur une chaise qui en remplit l'office. Le transport se fait, autant que possible, à dos d'homme. Si on est obligé de se servir d'une voiture, il est bon qu'elle soit suspendue, et, si elle ne l'est pas, on doit bien la garnir de paille. Cette précaution de renverser les ruches est surtout indispensable en été, à cause de la pesanteur des rayons et de la facilité avec laquelle ils se rompent, et ce n'est que

de très-grand matin qu'on peut, à cette époque, effectuer ces transports, parce que la fraîcheur de la nuit raffermit les gâteaux.

Il n'est pas aussi nécessaire de renverser les ruches à cadres dont les rayons sont soutenus par des planchettes assez rapprochées; cependant il est utile de les placer sur un corps élastique, tel que de la mousse fortement serrée ou des cales de liége.

Avec le grillage que j'ai établi au tablier de mes ruches, les abeilles peuvent rester plusieurs mois renfermées sans grand inconvénient, comme me l'ont prouvé diverses expéditions que j'en ai faites.

252. *Installation des ruches.* — Lorsque les abeilles ont été transportées à une certaine distance, il faut leur donner la liberté aussitôt qu'elles sont arrivées à leur destination. Agitées par le voyage, elles se sont échauffées et ont besoin d'air; mais, si on les laisse dans le voisinage du rucher d'où elles proviennent, il faut prolonger leur captivité. On a soin cependant, pendant plusieurs jours, de leur ouvrir tous les soirs, pour faciliter le renouvellement de l'air, et on les ferme avec soin tous les matins. En hiver, il est toujours inutile de les retenir captives.

Lorsqu'on veut transporter des abeilles, il ne

faut pas attendre la nuit close pour les enfermer ; car il est à craindre, s'il ne fait pas bien froid, qu'elles ne se jettent sur l'apiculteur et ne sachent plus, dans l'obscurité, par où retourner à la ruche. On en perdrait ainsi un grand nombre.

Les ruches, une fois posées à la place qu'on leur a destinée, ne doivent plus en être éloignées, ne fût-ce que de quelques centimètres ; car les abeilles qui ont adopté une issue la fréquentent toujours. Lorsque la ruche a été tant soit peu dérangée, ou qu'une abeille a été écartée, par le vent, de l'entrée qu'elle connaît, on la voit errer fort longtemps avant d'y arriver. Lorsqu'elle a fait une tentative inutile, elle s'élance en l'air en s'écartant peu de la ruche, cherche de nouveau l'entrée dont elle a l'habitude de se servir et n'y arrive souvent qu'après de nombreux essais.

CHAPITRE II.

Achat des essaims et manière de les récolter.

ACHAT DES ESSAIMS ; MANIÈRE DE RECUEILLIR LES ESSAIMS NATURELS ET DE LES ARRÊTER ; ESSAIMS FORCÉS DANS LES RUCHES VULGAIRES ; SOINS A DONNER AUX ESSAIMS INTRODUITS DANS LES RUCHES A CADRES VERTICAUX.

§ 1. ACHAT DES ESSAIMS; MANIÈRE DE RECUEILLIR LES ESSAIMS NATURELS ET DE LES ARRÊTER.

253. *Achat des essaims.* — Au lieu d'acheter des ruches, il vaut mieux essayer de se procurer des essaims. Les propriétaires d'abeilles ne font ordinairement aucune difficulté d'en céder; ils se chargent même de les loger dans les ruches que vous leur fournissez.

Mais comme, en général, on ne sait pas bien les recueillir dans les endroits où ils se sont posés, et encore moins les forcer, quand ils s'obstinent à rester dans leur ruche, il faut apprendre à exécuter soi-même ces deux opérations; nous allons nous occuper de la première dans ce paragraphe.

254. *Prix d'un essaim.* — Les essaims ordinaires coûtent 5 à 6 francs, suivant les localités, et, si le vendeur les garde au rucher jusqu'en novembre, on lui donne 2 francs de plus; mais il ne faut acheter que les bons essaims, et la seule manière de s'assurer de leur bonté est de les peser.

255. *Préparation de la ruche.* — Avant de recueillir un essaim il faut préparer la ruche dans laquelle on veut le mettre. On en visite bien tout l'intérieur; on voit si les cadres sont solides, et sur celui du milieu on attache un *rayon régulateur*, c'est-à-dire un rayon que l'on prend soit dans une vieille ruche abandonnée, soit dans une ruche déjà en activité. Il est inutile de la parfumer ou de l'emmieller.

256. *Récolte d'un essaim fixé sur une branche peu élevée.* — Puis, affublé du haut en bas, on se rend au lieu où l'essaim s'est fixé. On étend un drap par terre au-dessous de lui. S'il est assez haut, on présente la ruche ouverte sur un des côtés et on la tient au-dessous de l'essaim, de manière que la principale masse des abeilles puisse être précipitée dans les cadres supérieurs. On imprime alors une secousse ferme et sèche à la branche où elles sont attachées, et, si cette branche est trop forte

pour être ainsi secouée, on frappe au-dessus de l'essaim un vigoureux coup de maillet.

Le plus grand nombre des abeilles est jeté dans la ruche; quelques-unes tombent sur le drap, et d'autres voltigent autour de l'arbre. On descend alors doucement la ruche et on la met dans sa position naturelle, l'ouverture tournée du côté de l'ombre. Si la reine y est tombée, les abeilles qui voltigent et celles qui sont sur le drap ne tardent pas à s'y rendre. On détache de l'arbre, à l'aide d'une plume, celles qui y sont restées, et au bout d'un quart d'heure ordinairement, ou tout au plus au bout d'une heure, tout l'essaim est allé trouver la reine. Il faut alors s'empresser de le porter à la place qu'il doit occuper dans le rucher, après avoir remis la porte qui avait été ôtée. Il est, en effet, reconnu que, quoique recueillies dans les meilleures circonstances, les abeilles peuvent quitter la ruche où on les a reçues, si on les laisse à la même place ; car il est évident qu'elles ne s'étaient pas posées en ce lieu pour s'y établir et qu'elles y attendaient les messagers qui devaient les conduire ailleurs.

Au lieu de frapper la branche d'un coup de maillet pour précipiter l'essaim, on peut le détacher en passant une plume, un copeau, une carte sur l'écorce de l'arbre où il s'est fixé, et, comme la ruche n'est pas facile à manier pour cette opération, on peut se servir d'un vase en bois, en osier ou en paille, dans lequel on fait tomber les abeilles pour les jeter ensuite dans la ruche.

C'est toujours dans la partie supérieure de la ruche qu'il faut s'efforcer de faire tomber l'essaim, parce que, s'il s'établissait dans le bas, il pourrait y commencer ses édifices et laisser vide la partie supérieure.

La place où l'on pose l'essaim a peu d'importance, car les abeilles restent un ou deux jours sans sortir, et ce temps suffit pour les dépayser.

257. *Récolte d'un essaim fixé au haut d'un arbre.* — Nous avons supposé que l'essaim s'était fixé sur une branche peu élevée, et c'est dans cette situation qu'il est le plus facile à recueillir; mais il n'en est pas toujours ainsi. S'il se place au haut d'un arbre, à une branche où l'on ne puisse parvenir aisément, il faut attacher un panier à une longue perche bifurquée, de manière qu'en le descendant il reste toujours l'ouverture en haut, ce qui exige qu'il soit mobile autour de l'extrémité de la perche. Ce panier sera placé au-dessous des abeilles, pendant qu'un homme monté sur la branche la secouera pour faire tomber l'essaim et en chassera le reste avec un balai.

258. *Récolte d'un essaim placé à terre.* — Si l'essaim s'est placé à terre, il suffit de le couvrir d'une ruche qu'il sera nécessaire d'envelopper de manière qu'il ne puisse la quitter, car il peut se faire qu'il se passe un temps assez long avant qu'il se décide à y monter.

259. *Récolte d'un essaim fixé à un corps solide ou à une grosse branche.* — S'il est fixé à un corps solide, c'est le cas de se servir du sac que j'ai décrit et qui est également d'un bon emploi lorsque les abeilles se sont arrêtées sur une grosse branche. On renverse l'ouverture du sac, puis on passe le fil de fer qui le tient ouvert entre la branche et l'essaim que l'on détache ainsi de son point d'appui. Les abeilles tombent dans le sac, qu'on ferme de suite avec sa coulisse.

260. *Récolte d'un essaim établi sur une haie ou sur plusieurs branches.* — Les essaims qui se fixent dans les haies ou qui s'éparpillent en plusieurs groupes sur diverses branches ne sont pas faciles à récolter. Cependant il y a toujours un groupe principal; c'est celui dont il faut s'emparer d'abord. On fait de la place autour de lui, quand c'est nécessaire, avec un sécateur, et on le précipite dans un vase quelconque. S'il contient la reine, le reste des abeilles ne tarde pas à la suivre.

Les autres groupes ont bien quelquefois une reine ; mais on les disperse avec une plume lorsqu'on ne peut la prendre, et les abeilles qui les composent finissent par rejoindre le groupe le plus nombreux. Si on apercevait la reine, il faudrait la saisir, la mettre dans un petit globe de toile métallique ou dans un sac de tulle fixé au bout d'une baguette. On la promènerait ensuite de côté et d'autre, et on attirerait bientôt autour d'elle toutes les abeilles éparses.

261. *Récolte d'un essaim fixé contre un mur.* — Lorsqu'un essaim est fixé à plat le long d'un mur, il faut le tourmenter avec une plume pour le forcer à se former en masse, et le faire tomber ensuite dans un panier.

262. *Récolte d'un essaim établi dans un tronc d'arbre ou dans un mur.* — Les essaims établis depuis longtemps dans les troncs d'arbres, dans les vieux murs et les cheminées sont fort difficiles à saisir. L'emploi de la fumée met ordinairement les abeilles en bruissement et ne leur fait pas quitter leurs rayons. Si elles s'y décident, elles s'enfoncent dans toutes les anfractuosités et ne sortent pas. Pour s'en emparer, lorsqu'elles sont dans un mur, on le démolit autour d'elles, et, quand on est arrivé à la principale cavité, on en arrache les

rayons les uns après les autres, sans en chasser les abeilles, qu'un aide fait tomber sur un drap sur lequel on a mis une ruche provisoire ; mais la plus grande partie de l'essaim s'obstine à rester dans le trou. On cherche alors la reine avec le plus grand soin pour la garder prisonnière dans un tulle et attirer le reste des abeilles par son moyen. Si on ne peut pas la saisir, on chasse l'essaim et on le dirige vers une ruche placée au-dessus du trou que l'on remplit ensuite complétement de mortier. On peut faciliter cette opération à l'aide de la fumée de lycoperdon ; les abeilles asphyxiées courront moins de risques pendant la démolition du mur. On agira d'une manière analogue pour les essaims fixés dans des troncs d'arbres.

Les difficultés de cette opération m'ont suggéré la pensée d'un expédient que je n'ai pu mettre en pratique, mais qu'il serait bon d'essayer. Profitant de l'antipathie des reines les unes pour les autres, on mettrait une reine étrangère dans un petit sac de tulle, et on la présenterait dans la cavité du mur ou de l'arbre. Il pourrait bien se faire que celle qui y règne s'avançât pour la combattre. Alors, en retirant doucement le sac de tulle, on s'emparerait de la reine de l'essaim, et toutes les abeilles ne tarderaient pas à la suivre.

263. *Précaution à prendre dès qu'on aperçoit un essaim qui s'est arrêté.* — Quelque part que se soit fixé un essaim, il faut, dès qu'on l'aperçoit, le couvrir d'un drap pour l'abriter du soleil, en attendant qu'on ait fait les préparatifs nécessaires pour le recueillir; mais on doit bien se garder de se contenter de mettre une ruche au-dessus dans l'espoir qu'il y montera. On serait exposé, en agissant ainsi, à de fréquentes déceptions, à moins qu'il n'y eût possibilité d'envelopper complétement l'essaim avec la ruche, afin que les maréchaux des logis ne pussent pas venir l'enlever.

264. *Manière d'arrêter un essaim.* — Les essaims ont une grande propension à retourner à la vie sauvage; ils fuient au loin presque toujours avec tant de promptitude, qu'on les suit avec peine et qu'on en perd au moins un tiers. Tous les moyens imaginés jusqu'à ce jour pour les arrêter sont restés sans résultat. Tels sont les carillons, qui sont en usage dans diverses contrées, et qui n'ont d'autre avantage que de constater le droit du propriétaire; tels sont encore les secrets de certains vieillards, secrets qui consistent à mettre à la portée des abeilles des branches d'arbre chargées de miel fort aromatique, ou bien des ruches frottées avec de la propolis et de la cire. L'inef-

ficacité de tous ces moyens ayant été reconnue, on a cherché depuis longtemps des procédés qui permissent de s'emparer des essaims avant leur départ; c'est une question assez importante pour qu'on doive s'efforcer d'atteindre ce résultat par le procédé le plus efficace, afin de pouvoir multiplier les abeilles autant que la localité le permettra.

Cependant, lorsqu'on ne possède que des ruches vulgaires et qu'on laisse sortir les essaims, il est bon de faire quelques tentatives pour les arrêter. On peut, lorsque l'essaim n'est pas trop haut, lui lancer du sable, de l'eau, lui tirer des coups de fusil. Comme il est d'expérience que parfois des essaims se sont logés dans des ruches abandonnées, il est utile d'en placer d'avance quelques-unes dans le rucher ou aux environs, et particulièrement dans les endroits où les essaims ont l'habitude de s'arrêter. Les ruches qui ont péri en hiver ou dès l'automne sont surtout préférées par les abeilles.

§ 2. ESSAIMS FORCÉS DANS UNE RUCHE VULGAIRE.

265. Puisqu'il est fort difficile d'arrêter les essaims et qu'on est exposé à les perdre, il faut les

saisir avant leur départ; nous obtiendrons ainsi des *essaims forcés*.

Les essaims forcés peuvent s'obtenir de toutes sortes de ruches. Le procédé que je vais décrire peut s'appliquer à la ruche la plus vulgaire.

266. *Description de l'opération.* — Tous les signes de l'essaimage existent; il y a des mâles; la ruche est lourde, l'activité prodigieuse; les abeilles sont très-nombreuses. Il est midi; à cette heure, presque tous les mâles sont dehors. On profite de leur absence, parce qu'on n'en a pas besoin dans l'essaim qu'on veut faire. Bien affublé, on renverse la ruche au devant du tablier, et on la remplace par une ruche vide destinée à recevoir les abeilles qui reviennent des champs. La ruche renversée est fixée solidement entre les pieds d'un tabouret ou dans un trou fait dans la terre. On appuie ensuite sur son bord celui d'une ruche vide, dont le cadre du milieu a été préalablement garni d'un rayon régulateur. On tient cette ruche penchée au-dessus de la ruche pleine, de manière que la plus grande partie de celle-ci soit découverte et que l'on voie facilement l'intérieur de la ruche vide. On appuie cette dernière sur la cuisse et on la maintient avec la main gauche, pendant que de la main droite, armée d'une forte baguette ou du cératome,

on frappe sans cesse la vieille ruche de bas en haut, dans tous les sens. Inquiètes de ce bruit, les abeilles cherchent, pendant quelques minutes, à en apprécier la cause; mais, voyant qu'il ne discontinue pas, qu'elles sont évidemment troublées dans leur demeure, elles s'agitent et disparaissent bientôt en se réfugiant au sommet de leur ruche.

Un instant après, il en reparaît quelques-unes qui se hasardent dans la nouvelle ruche qu'on leur présente en laissant son intérieur dans l'ombre; elles la parcourent dans tous les sens et retournent à la ruche mère; puis tout à coup un grand bruissement se fait entendre; les abeilles arrivent en foule, s'échelonnent et passent les unes par-dessus les autres pour se réfugier au fond de leur nouvelle demeure. Le mouvement est rapide et assez confus, et la plus grande attention est nécessaire pour voir passer la reine; car il ne faut pas croire que ce soit son départ qui entraîne celui des abeilles. Il est rare qu'elle sorte l'une des premières; je l'ai vue très-souvent ne sortir que parmi les dernières, et s'obstiner même à ne pas quitter la vieille ruche, après s'être présentée plusieurs fois sur ses bords. Mais, ordinairement, elle apparaît et sort après la moitié de l'essaim, et quelquefois dans le dernier tiers. On la voit *passer* presque toujours, et il est même facile de la prendre, en lui présentant un gobelet ou ce demi-globe en toile métallique dont je me sers pour la garder et éviter qu'il ne lui arrive quelque accident; mais il ne faut pas se hâter de vouloir la saisir; il vaut mieux la laisser bien s'engager dans la nouvelle ruche; car, si on voulait la prendre trop tôt, elle pourrait rentrer entre les rayons qu'elle a quittés et s'obstiner à ne plus revenir.

Dès que la reine est entrée dans la nouvelle ruche, on examine s'il y a avec elle assez d'abeilles pour faire un essaim; on s'en rendra compte soit à la vue du volume qu'elles forment, soit en les pesant. Si l'essaim est jugé suffisant, on le jette dans la partie supérieure de la ruche que l'on enveloppe avec une serpillière ou un canevas, et on l'emporte à la place qu'on lui a destinée, après avoir eu le soin de remettre la vieille ruche sur son tablier.

267. *Nécessité de l'existence d'un alvéole royal garni de couvain.* — Il est prudent de n'extraire ainsi un essaim d'une ruche vulgaire qu'autant qu'on y verra des alvéoles royaux garnis de couvain; car on ne peut distinguer, dans les ruches communes, s'il y a du couvain d'ouvrières de moins de trois jours.

268. *Comment on s'assure de la présence de la reine dans l'essaim.* — Lorsqu'il est déjà sorti une forte partie de la population et qu'on n'a pas vu la reine, on peut s'assurer de sa présence dans la nouvelle ruche par le procédé des Espagnols; ce procédé consiste à étendre par terre un tablier noir sur lequel on pose les abeilles. La reine est tellement pressée de pondre, que les œufs lui échappent, et on les trouve sur le tablier.

On peut aussi étendre à l'ombre toutes les abeilles sur un drap et chercher la reine parmi elles.

269. *Comment on supplée à l'absence de la reine.* — Si, par l'un ou l'autre de ces moyens, on s'est assuré que la reine n'est pas dans la nouvelle ruche, on fixe dans cette ruche une portion de rayon contenant du couvain propre à donner une reine, et les abeilles se mettent aussitôt à l'œuvre. Il se sera toujours introduit avec elles assez de mâles pour féconder la nouvelle reine.

270. *On doit opérer à midi.* — Cette opération se fait à midi pour avoir le moins de mâles possible, et au devant de la place de la vieille ruche, afin de recevoir les nourricières qui arrivent des champs; car, si on opérait au loin, on pourrait avoir un trop grand nombre de cirières dans l'essaim que l'on forme.

271. *Ce que l'on fait lorsque les abeilles s'obstinent à ne pas sortir.* — Si les abeilles s'obstinent à ne pas sortir, on profite du moment où elles sont sur le bord des rayons, pour renverser la ruche qui les contient sur celle qui est destinée à les recevoir, et on lui imprime une vive secousse. On la remet aussitôt dans son ancienne position, et les abeilles qui y restent, attirées par la présence de celles qui sont tombées dans la nouvelle ruche, finissent par sortir en nombre suffisant; mais il ne faut user de ce moyen qu'avec les ruches dont les rayons sont bien soutenus par des traverses.

272. *Il faut essayer d'attirer la reine sur le tablier.* — Si l'on avait un moyen certain d'attirer la reine sur le tablier, il faudrait l'employer, afin de s'en emparer de suite; cela éviterait toute incertitude sur sa présence. On a conseillé, dans ce but, de frapper quelques coups sur le tablier, ce qui, a-t-on dit, y attirait la reine immanquablement; on a prétendu aussi que, si on portait la ruche à l'ombre, la reine viendrait sur le bord des rayons. Quoique ces procédés ne m'aient pas réussi, il peut être utile de les tenter.

273. J'ai décrit longuement et avec détail l'opération qui fait obtenir d'une ruche vulgaire un

essaim forcé *à ciel ouvert*, parce qu'on n'a pas l'habitude d'employer cette méthode et qu'elle me paraît préférable à toute autre. Je vais cependant indiquer brièvement les divers moyens qui ont été en usage pour obtenir le même résultat.

274. *Essaim forcé au moyen de la fumée.* — Les personnes qui savent employer la fumée de foin, de bouse de vache, de guenilles, de vieilles cordes, et qui ont des ruches à deux ouvertures, peuvent déterminer le départ des abeilles en les enfumant, et s'assurer du passage de la reine en prenant des dispositions semblables à celles que j'ai indiquées. Mais il est peu de localités dont les ruches puissent permettre l'usage de la fumée, et, si les abeilles sont soumises à son action un peu trop longtemps, elles se mettent en bruissement et ne sortent pas.

275. *Essaim forcé au moyen de l'eau.* — Vers le milieu du dernier siècle, on eut l'idée de plonger les ruches dans l'eau, afin de forcer les abeilles de passer dans une ruche vide par un trou pratiqué à la partie supérieure de celle qu'elles habitaient. Pour y parvenir, on mettait la vieille ruche dans un cuvier plus profond qu'elle n'était haute, et on remplissait peu à peu ce cuvier d'eau froide. Une partie des abeilles quittaient alors leur habi-

tation et passaient dans une ruche vide qu'on avait placée au-dessus d'elles. On pouvait ainsi se procurer un essaim assez facilement; mais beaucoup d'abeilles tombaient dans l'eau et y périssaient. Le miel était entraîné et le couvain nécessairement altéré; aussi ce moyen est-il complétement abandonné aujourd'hui.

276. *Essaim forcé par l'emploi de l'asphyxie.* — Dans le même temps, on eut recours à l'emploi de l'asphyxie, qu'on déterminait en faisant brûler l'enveloppe de la vesse-de-loup ou lycoperdon. Ce moyen est recommandé par plusieurs auteurs; mais il est complétement tombé en désuétude.

L'éther, le chloroforme et l'acide carbonique peuvent aussi servir à asphyxier les abeilles; mais avant de recommander leur emploi, qui offrira toujours de graves inconvénients dont nous avons déjà parlé, il faudrait s'assurer, par une suite d'expériences, si ces substances ne nuisent ni aux abeilles ni au couvain.

On a aussi conseillé l'asphyxie par privation d'air, en enveloppant la ruche de terre; mais c'est un travail long et incertain dans les résultats.

277. *Essaim forcé par la superposition d'une ruche vide.* — On a dit encore que, pour obtenir un essaim, il suffisait de renverser la ruche pleine,

de la couvrir d'un tablier troué, et de placer sur ce tablier une ruche vide dans laquelle les abeilles iraient s'établir. La seule fois que j'aie tenté ce mode de transvasement, les abeilles ont bâti au-dessous du plancher de la nouvelle ruche et ont descendu leurs rayons entre les autres.

278. Lorsqu'on se servira de ces moyens pour forcer un essaim, il ne faudra plus choisir l'heure de midi, parce qu'à ce moment il y a un nombre considérable de nourricières hors de la ruche; ce sera donc de très-grand matin ou le soir qu'il faudra opérer.

§ 3. SOINS A DONNER AUX ESSAIMS INTRODUITS DANS LES RUCHES A CADRES VERTICAUX.

279. *L'essaim forcé doit être renfermé pendant un ou deux jours.* — Si l'essaim qu'on a introduit dans une ruche à cadres verticaux est naturel, on peut le laisser libre ; mais, s'il est forcé, il est nécessaire de garder les abeilles prisonnières pendant un ou deux jours.

280. *Il faut surveiller les premières constructions.* — Malgré la présence du rayon régulateur, il est de la plus grande importance de surveiller, pendant les premiers jours, la direction que les

abeilles impriment à leurs premiers édifices ; il faudra donc les visiter, et si on voit que leurs premières cellules dévient de la ligne du cadre, ce dont on s'apercevra en écartant les abeilles avec une plume, on placera sous la planchette supérieure, soit avec le doigt, soit avec la partie recourbée du cératome, la portion du rayon qui aura pris une fausse direction.

281. *Soins exigés par une saison défavorable.* — Si, par hasard, le temps devenait très-défavorable soit par une sécheresse prolongée, soit par des pluies continuelles, on pourvoirait à la nourriture de l'essaim, comme il sera expliqué plus tard.

282. *Reine volage.* — Si la reine était d'une humeur volage, si, dès le lendemain ou les jours suivants, elle quittait la ruche, et qu'on parvînt à la reprendre, il faudrait lui couper les ailes d'un côté.

283. *On doit empêcher la sortie du second essaim.* — La ruche dont on a extrait ainsi un essaim peut encore en donner un autre ; on doit, par conséquent, la surveiller, parce que la sortie d'un nouvel essaim pourrait l'épuiser.

CHAPITRE III.

Direction d'un rucher composé de ruches à cadres verticaux.

TRANSVASEMENT DES RUCHES VULGAIRES DANS LES RUCHES A CADRES VERTICAUX ; ESSAIMS PRÉMATURÉS, FORCÉS OU ARTIFICIELS ; ESSAIMS D'AUTOMNE ; SOINS A DONNER AUX RUCHES ET AUX ABEILLES ; ORGANISATION ET DIRECTION DE LA RUCHE DE L'OBSERVATEUR.

§ 1. TRANSVASEMENT DES RUCHES VULGAIRES DANS LES RUCHES A CADRES VERTICAUX.

284. Le rucher est donc organisé ; il se compose de vieilles ruches vulgaires ou bien d'essaims qu'on a introduits dans des ruches à cadres verticaux. Mais, si on a acheté de vieilles ruches, on peut établir immédiatement leurs abeilles dans des ruches à cadres, qui sont d'un usage bien plus avantageux. Il s'agit alors d'un transvasement complet de tout ce que la ruche contient.

285. *Description du transvasement.* — On procède d'abord au transvasement des abeilles dans une ruche provisoire. Lorsqu'on les y a introduites

toutes, ou à peu près, par le procédé à ciel ouvert ou par l'asphyxie momentanée, on met cette ruche à la place de celle qu'on dépouille, et, s'il fait bien chaud, on la tient ouverte. Il est aussi prudent de renfermer les abeilles avec une serpillière ou un canevas; car il est à craindre que, privées de leurs rayons, elles ne désertent la ruche provisoire, pour aller se jeter dans une ruche voisine, ou pour se fixer ailleurs.

On s'occupe ensuite de détacher les rayons de la vieille ruche. Pour y parvenir, on arrache les traverses dont l'intérieur des ruches vulgaires est ordinairement garni. Si on ne peut en venir à bout, on les coupe entre les rayons avec un sécateur; puis, avec la lame du cératome, on détache du rayon voisin et des parois de la ruche le rayon que l'on veut enlever. On descend ensuite le cératome jusqu'au fond de la ruche, et on retourne sa partie recourbée, pour séparer ce gâteau de la voûte. Le rayon étant ainsi détaché, on le sort de la ruche, on le pose sur un plat et on le couvre, après en avoir chassé les abeilles qui pourraient y être restées. On enlève ainsi successivement tous les autres gâteaux, puis on les porte dans un appartement bien clos, et on procède à leur arrangement sur les cadres de la ruche que l'on veut garnir. Ces rayons sont mis sur une table, puis ils sont coupés avec un couteau de manière que chacun d'eux ait la dimension de l'intérieur du cadre, dans lequel on l'introduit et on l'y maintient solidement en l'enveloppant d'un fil de fer qui l'empêche de tomber dans le transport qui s'effectue ensuite. Cette opération doit être faite avec soin, mais aussi promptement que possible.

Chaque rayon sera mis dans le sens qu'il occupait; mais on ne s'astreindra pas à les disposer dans le même ordre. Le miel sera donc toujours sur le cadre supérieur, et le couvain ou le rayon vide au-dessous. On ménagera autant que possible le couvain, et, quand il y en aura peu, on le mettra au centre, de préférence à toute autre position. Si les rayons ne sont pas nombreux, on garnira d'abord les quatre cadres pairs ou les cinq impairs, en laissant entre eux quelques cadres, ou même tous les autres cadres vides, si la population est nombreuse.

La ruche ainsi organisée est transportée au rucher et placée sur un drap qu'on a étendu devant la ruche provisoire, qui est pleine d'abeilles. On ouvre une de ses portes qu'on laisse du côté de l'ombre, puis on jette les mouches sur le drap devant cette porte par une forte secousse imprimée à la ruche provisoire. Les abeilles se précipitent aussitôt à l'envi dans la ruche garnie de rayons, dont on clôt avec soin les entrées dès qu'elles y sont toutes réunies, et on la met de suite à la place de la ruche provisoire. On a soin de la garantir des ardeurs du soleil qui pourraient asphyxier les abeilles, en la couvrant d'un drap mouillé. Le lendemain on la découvre, et on ouvre toutes ses entrées.

S'il y a un bocage dans le voisinage du rucher, il vaudra mieux y porter la ruche, parce que les abeilles y sont mieux garanties de la chaleur, et le lendemain on la mettra à sa place définitive.

286. *Il est nécessaire de fermer les entrées de la nouvelle ruche.* — Il est nécessaire de fermer les entrées de la nouvelle ruche, parce que les abeilles, s'occupant tout d'abord à manger le miel et à souder les rayons aux cadres, ne font aucune garde à leurs portes, et que toutes celles du voisinage peuvent venir les piller.

287. *Il faut s'efforcer de s'emparer de la reine.* — Pendant le transvasement, on a dû faire tous ses efforts pour voir passer la reine et pour s'en emparer. Si on ne l'a pas vue, il faut, en détachant les rayons, prendre les plus grandes précautions pour ne pas la tuer.

La reine est fort capricieuse dans sa sortie : il

lui arrive parfois de se dérober, et les spectateurs la voient courir sur l'opérateur; d'autres fois elle s'envole jusqu'au rucher, entraînant avec elle une partie de la population : de là l'indispensable nécessité de mettre une ruche vide à la place qu'occupait la ruche qu'on dépouille; car, sans cette précaution, la reine pourrait se jeter dans les ruches voisines, où elle se ferait tuer.

288. *Il est plus expéditif de couper la vieille ruche.* — Si l'on ne tient pas à conserver la vieille ruche, on peut la couper par le milieu, soit avec un bon couteau, soit avec une égohine, ce qui facilite singulièrement l'enlèvement des rayons. Il faut surtout en agir ainsi quand la ruche est plus large au milieu qu'à sa base.

289. *A quelle heure on doit opérer.* — L'opération que nous venons de décrire doit se faire le matin; alors la fraîcheur de la nuit a donné aux rayons un peu de solidité; le soir ou dans le courant du jour, la chaleur rend les rayons si mous, qu'ils fondent entre les doigts.

290. *Il faut séquestrer les abeilles la veille de l'opération.* — Il est bon de séquestrer les abeilles la veille au soir, afin de les avoir toutes réunies, et de ne pas craindre que celles qui sont déjà sorties, ennuyées de se trouver seules, n'aillent se jeter

dans les ruches voisines et ne s'y fassent tuer. Mais il n'en est pas moins essentiel, pour les simples abeilles comme pour la reine, de mettre une ruche de remplacement sur le tablier de celle qu'on dépouille; car il s'échappe toujours un certain nombre de mouches pendant qu'on les transvase, et elles reviennent à leur place accoutumée.

291. *Emploi des gaz asphyxiants.* — Si l'on s'était servi de gaz asphyxiants, on devrait mettre les abeilles sur le tablier, pendant qu'elles seraient encore asphyxiées, en ayant soin de couvrir la reine.

292. *Ce que l'on fait, si on trouve la reine engourdie et si beaucoup d'abeilles s'emmiellent.* — Si l'on opère de bon matin et qu'il fasse très-froid, il arrive quelquefois que la reine s'engourdit, surtout si on l'a laissée seule et sur un corps naturellement froid. Il est fort aisé de la faire revenir de cet engourdissement en la ranimant entre ses mains par la chaleur de l'haleine, ou en l'exposant tout simplement dans une assiette au-dessus de cendres chaudes, comme cela doit se pratiquer pour toute abeille surprise hors de la ruche par un froid subit.

Si, pendant qu'on détache les rayons, il s'emmiellait beaucoup d'abeilles, il faudrait les laver à grande eau, et les étendre sur un drap à l'ardeur du soleil, au devant du rucher. L'action de la chaleur les sécherait promptement, et les autres abeilles viendraient les débarrasser du miel qui les couvrirait encore.

293. *A quelle époque il faut opérer le transvasement.* — Ce n'est que lorsque les mâles commencent à paraître qu'on doit faire cette opération; car la reine court tant de dangers, qu'on peut la tuer, malgré toutes les précautions qu'on a prises. Sa destruction causerait la perte inévitable de la ruche, s'il n'y avait pas de mâles. Cependant un accident peut nécessiter cette opération dans tout autre temps; mais alors il faut surveiller la reine avec le plus grand soin. Le transvasement peut, du reste, se faire avec succès depuis le mois de février jusqu'en octobre. Néanmoins il n'est pas bon de l'exécuter trop tôt, car les abeilles ne trouveraient pas encore de provisions pour remplir la ruche, et languiraient pendant quelque temps. Il faut, du reste, sous ce rapport, consulter les ressources du pays; ainsi, autour des villes et dans les contrées de cultures variées, on opérera souvent en avril, tandis que, dans les pays de landes et de blé noir ou sarrasin, c'est assez tôt que d'opérer en juillet.

294. *Arrangement des rayons brisés.* — Quand on n'a à placer dans la nouvelle ruche que des rayons brisés ou des rayons trop étroits pour occuper tout le cadre, il faut, avant de les attacher avec le fil de fer, mettre au-dessous d'eux une petite planche pour les soutenir; car, sans cette précaution, ils se couperaient par leur propre poids, et tomberaient épars sur le tablier. On ne doit jamais négliger ces fragments de rayons, lorsqu'ils contiennent du couvain ou du miel, et il ne faut pas les poser sur la planchette inférieure du cadre, parce que, si on laissait un vide au-dessus d'eux, les abeilles n'y bâtiraient pas.

295. *Précaution à prendre quand on n'opère pas le matin.* — Si, par des circonstances fortuites, on ne peut opérer que vers le milieu du jour, il faut tenir la ruche à l'ombre jusqu'au moment de l'opération.

296. *Transvasement dans la ruche ronde à cadres.* — L'établissement des rayons dans les ruches rondes se fera de la même manière. Les arceaux seront disposés dans le sens perpendiculaire aux entrées, qui doivent régner en avant et en arrière. Cela rendra la circulation de l'air plus facile, et la chaleur ne frappant pas les rayons dans leur largeur, ils se ramolliront moins.

297. *Promptitude des travaux des abeilles transvasées.* — Cette opération est longue et minutieuse ; elle cause une pénible impression aux personnes qui en sont témoins; mais, quand on leur présente la ruche trois ou quatre jours après, elles tombent en admiration en voyant la propreté avec laquelle toutes les déchirures sont nettoyées, et la manière dont les rayons sont soudés aux cadres par de nouvelle cire. Il arrive même parfois d'y trouver quelques nouveaux rayons commencés, et alors la ponte, qui ne se faisait plus dans les vieux rayons, recommence avec activité.

298. *Enlèvement des fils de fer.* — C'est environ dix jours après l'opération qu'on peut enlever les fils de fer ; si on les y laissait plus longtemps, ils pénétreraient dans les rayons, et causeraient des déchirures désagréables. Cependant il m'est arrivé de les enlever bien plus tôt chez des personnes qui désiraient que je le fisse avant mon départ.

299. *Nettoiement du tablier.*—Les travaux auxquels les abeilles se livrent pour réparer le désordre ocasionné par une pareille taille chargent le tablier de débris qu'elles ne peuvent enlever; il sera donc essentiel de le nettoyer au bout de quelques jours.

300. *Le transvasement réussit toujours quand il*

est convenablement fait. — Cette opération n'est et ne doit être que transitoire; car ma ruche offre tant d'avantages, qu'elle doit être universellement adoptée. On peut, d'ailleurs, s'en dispenser, et attendre les essaims. Mais, lorsqu'on a de vieilles ruches et qu'on veut jouir immédiatement des avantages de la ruche à cadres, il ne faut pas craindre de l'exécuter. Pourvu qu'on opère en temps convenable et avec précaution, et qu'on surveille avec soin la nouvelle ruche, on réussit toujours. Lorsqu'on opère dans le temps des mâles, et surtout lorsque la reine commence à les pondre, il est rare de ne pas trouver du couvain de moins de trois jours, qui remplacerait la reine, si on venait à la détruire.

501. *On peut souvent faire un essaim lorsqu'on transvase une ruche.* — Lorsqu'on pratique ces transvasements dans le fort de la ponté, il faut avoir toujours deux ruches; car il peut se faire qu'on trouve les éléments nécessaires pour former un essaim, tel qu'une cellule royale close. Il m'est arrivé quelquefois de voir éclore, sur les tables, des jeunes reines qui n'étaient plus gardées. Si donc ces éléments existent dans la ruche et si la population est nombreuse, on n'hésitera pas à partager convenablement cette population, ce que l'on

fera en plaçant toutes les abeilles entre deux ruches, dont chacune sera garnie de la moitié des rayons de la ruche mère. On mettra la reine dans l'une de ces ruches, et dans l'autre la cellule royale; puis on y dirigera les abeilles de manière à en faire entrer un peu moins de la moitié dans celle qui contiendra la reine. Les abeilles seront dirigées à l'aide d'une plume, et elles se rendront sans difficulté dans leur nouvelle habitation, lors même que la reine ou la cellule royale n'y seraient pas encore.

Si la population n'est pas assez forte pour en agir ainsi, il faut tenir dans un lieu chaud et clos les rayons qui portent des larves ou nymphes royales, parce qu'il se pourrait que la reine, profitant de l'absence des gardiennes, les détruisît.

302. *Le transvasement peut être fait après avoir obtenu un essaim forcé.* — Il serait encore d'une bonne pratique de ne faire ces transvasements que huit jours après avoir obtenu un essaim forcé. La population se serait refaite; on serait sûr de la présence d'une jeune reine, et la ruche marcherait bien pendant plusieurs années.

303. *Il faut surveiller la ruche, si on n'a pas fait d'essaim.* — Lorsqu'on n'a pas fait d'essaim en transvasant, il faut surveiller la ruche; car, si

la reine continue sa ponte sans interruption, il peut bientôt sortir un essaim qu'il ne faut pas laisser échapper.

304. *Le transvasement suspend souvent la ponte.* — Un des effets assez communs du transvasement est une suspension momentanée de la ponte, et cette suspension est quelquefois assez prolongée; on ne doit pas trop s'en alarmer. On s'assurera cependant, lorsqu'on s'en apercevra, si la reine existe réellement; et, si elle a disparu, on introduira dans la ruche, dans le cas où il n'y en aurait pas, du couvain qui permette aux abeilles de la remplacer.

§ 2. ESSAIMS PRÉMATURÉS, FORCÉS OU ARTIFICIELS.

305. Nous avons décrit dans le chapitre précédent la manière de surveiller les essaims naturels que les ruches peuvent jeter; mais nous avons conseillé en même temps de prévenir la sortie des essaims, et nous avons recommandé la méthode des essaims forcés. Cette méthode, qui n'offre pas de grandes difficultés avec les ruches ordinaires, est devenue tellement facile à suivre avec la ruche à cadres, qui permet de tout voir, de tout juger,

qu'en choisissant avec discernement un temps convenable on formera avec elle, de la manière la plus sûre et la plus immanquable, les essaims qu'on voudra se procurer, soit qu'on force les abeilles à se créer une reine avec du couvain d'ouvrière, et on aura alors un *essaim artificiel*, soit qu'on profite de la présence de jeunes reines contenues dans des cellules royales, et il en résultera simplement alors *un essaim forcé.*

306. *Circonstances et temps convenables pour les essaims prématurés.* — Mais, malgré la simplification apportée par la ruche à cadres dans la production des essaims, cette opération ne réussira que si elle est faite dans un temps et dans des circonstances convenables. Avant de la tenter, il faut donc consulter non-seulement la force de la population de la ruche, mais aussi et surtout l'état de la végétation et l'abondance des provisions que les abeilles rapportent. Un temps très-variable, une sécheresse ou des pluies continuelles doivent faire retarder cette opération.

307. *Couvain d'ouvrières de moins de trois jours.* — Mais, si la saison est convenable et si la ruche est suffisamment peuplée, il est inutile, comme nous l'avons déjà dit, d'attendre que les essaims se produisent d'eux-mêmes. Il n'est pas

nécessaire que la ruche contienne un alvéole royal ; mais, à son défaut, elle doit renfermer du cou-

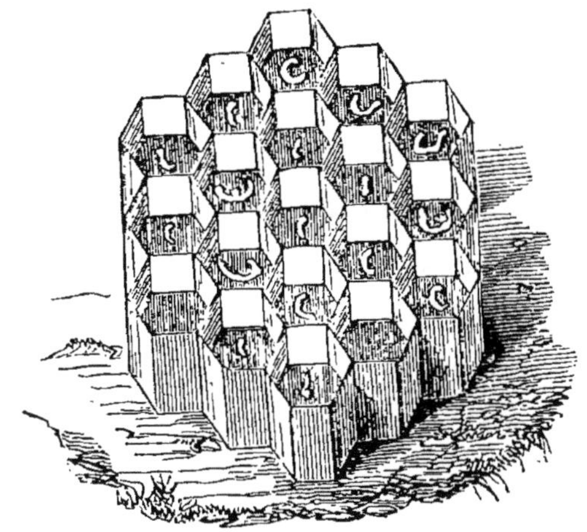

Couvain de moins de trois jours.

vain d'ouvrière de moins de trois jours. Ce couvain est facile à reconnaître ; il ne forme encore qu'un croissant plus ou moins développé, qui ne remplit pas le fond de la cellule d'ouvrière dans lequel il est déposé.

308. *La présence des mâles est indispensable.*— Mais une condition indispensable, c'est la présence des mâles dans la ruche. Il n'est pas nécessaire qu'ils soient déjà éclos ; mais, s'ils ne sont qu'à l'état de larves ou de nymphes, il faut qu'ils soient assez avancés pour éclore avant la reine, tant il est essentiel d'éviter que l'accouplement ne soit

trop retardé. Cependant, si l'on opérait dans un rucher nombreux dont plusieurs ruches continssent des mâles, il ne faudrait peut-être pas trop se préoccuper de leur absence dans la ruche où on voudrait forcer un essaim, parce qu'il ne serait probablement pas impossible que sa jeune reine se mariât avec un mâle étranger; mais il est plus prudent de ne pas compter sur ces sortes d'accouplements et d'agir comme nous l'avons prescrit.

Ainsi l'époque de la formation artificielle des essaims variera suivant les pays; elle sera déterminée par l'apparition des mâles.

309. *Visite de la ruche.* — Aussitôt qu'on les voit apparaître, on visite la ruche sur le midi; on l'ouvre et on en examine tous les cadres. Si l'on trouve des alvéoles royaux, et là où ils manquent, s'il y a du couvain d'un âge convenable, si la population est nombreuse, les rayons bien garnis de miel et de couvain, l'activité des abeilles prodigieuse, on doit opérer sans retard.

On choisit pour cette visite un beau jour, un jour resplendissant des plus purs rayons du soleil, un jour serein, un jour superbe.

Les rayons qui présentent les meilleurs éléments d'essaimage sont numérotés ou marqués d'un trait quelconque. Si pendant cette visite on rencontre la reine, il faut la renfermer dans le globe de toile métallique et la laisser dans la ruche; elle aura assez d'air pour respirer, et les abeilles pourront lui fournir de la nourriture. La reine est assez facile à trouver à cette heure, parce que les abeilles sont sorties en très-grand nombre.

310. *Description de l'opération.* — Sur les six heures du soir, lorsque les butineuses sont rentrées, on ouvre un des côtés de la ruche, et on attend un instant pour laisser calmer l'émotion causée par cette opération : tous les rayons sont chargés d'abeilles fatiguées de leurs nombreuses excursions; elles sont attachées les unes aux autres, formant des sortes de guirlandes, comme une masse de chapelets suspendus aux boutiques des marchands.

On prend alors la boule métallique qui renferme la reine, et on la place dans une ruche vide dont les cadres sont enlevés. On tâche de la faire suivre par les abeilles qui l'entouraient; puis on enlève de la ruche pleine un cadre bien chargé, et on le met au milieu de la nouvelle ruche. De chaque côté de ce cadre on met ensuite un cadre vide, puis deux ou même trois autres pleins. Cela fait, on rétrécit la ruche et on la porte à sa destination, où l'on rend la liberté à la reine.

On dispose de même la ruche dont on a enlevé la reine et les rayons, en lui ajoutant deux cadres vides séparés par un cadre plein, et on la ferme en la rétrécissant.

Le déplacement des rayons sera fait sans la moindre secousse, afin que les abeilles ne les quittent pas. S'ils ne paraissaient pas porter un assez grand nombre d'abeilles, on ferait tomber dans la nouvelle ruche une partie de celles qui tiennent aux rayons voisins.

311. *Précaution à prendre lorsqu'on n'a pas découvert la reine.* — Lorsqu'on n'a pu découvrir la reine lors de la première visite, il faut la chercher de nouveau au moment de l'opération. Si on ne la trouve pas, on s'applique à faire un partage aussi égal que possible des abeilles entre les deux ruches, et on laisse dans chacune d'elles un alvéole royal ou du couvain capable de devenir reine. Pour faire cette opération facilement, il suffit de mettre les deux ruches sur une même table, en regard l'une de l'autre.

312. *La ruche qu'on emporte doit être close pendant un jour.* — La ruche qui contient la reine sera emportée au loin, et restera close pendant vingt-quatre heures au moins, les entrées restant ouvertes pendant la nuit pour être fermées de

grand matin. Si on ne prend pas cette précaution, les abeilles, à moins d'un éloignement considérable, reviendront tous les jours au gîte habituel, et la ruche, perdant insensiblement ses nourricières, dépérira à vue d'œil. Quant à l'autre ruche, elle restera en place; ses ouvrières ne se hasarderont nullement à aller chercher la reine.

313. *Il n'est pas toujours nécessaire de rétrécir les ruches.* — Si la saison est très-favorable, si la chaleur et l'humidité de l'atmosphère rendent les provisions abondantes, on peut se dispenser de rétrécir les ruches; on y mettra alors tous les cadres vides de la nouvelle ruche en les alternant toujours avec des cadres pleins; les abeilles auront ainsi plus de place pour travailler.

314. *Comment on reconnaît la ruche qui contient la reine quand on ne l'a pas vue.* — Quand on n'a pas trouvé la reine et qu'on ne sait dans laquelle des deux ruches elle se trouve, il ne faut pas trop s'en préoccuper, puisqu'on a donné aux deux ruches les éléments convenables pour la remplacer; mais on peut cependant reconnaître à certains signes celle des deux ruches qui la contient. Ainsi, si on les laissait l'une à côté de l'autre, la ruche qui n'aurait pas la reine se verrait abandonnée par les abeilles quelques instants

après. Ce serait, du reste, une mauvaise manière de s'en assurer, puisque l'opération qu'on aurait faite se trouverait bientôt détruite par la réunion des abeilles qu'on a séparées. Mais, si les deux ruches sont éloignées l'une de l'autre, il règne, dès le lendemain, dans la population privée de la reine, une agitation extrême, une fureur étonnante contre toutes les personnes qui l'approchent. Cette agitation, du reste, n'est que momentanée, et avant la fin de la journée tout rentre dans l'ordre et dans un profond silence ; la ruche, au contraire, qui garde la reine reste calme, travaille comme à l'ordinaire, et ses ouvrières ne cessent pas d'y rapporter les provisions accoutumées.

Dans tous les cas, il faut avoir soin de clore momentanément les abeilles emportées ; car, sans cette précaution, elles déserteraient infailliblement, malgré la présence même de la meilleure des mères, pour revenir à leur ancienne habitation.

315. *Précautions à prendre, si on n'opère pas le soir.* — L'essaim artificiel ou forcé peut encore être fait le matin ; mais il faut être bien matinal pour agir avant la sortie des nourricières ; et qui le sera autant que les abeilles qui partent aux premières clartés du jour ? Si on se décide à opérer à

cette heure, il faudra fermer toutes les entrées de la ruche la veille, et agir loin du rucher. Il en sera de même, si on veut opérer dans le cours de la journée; mais la chaleur pourra alors faire courir de grands dangers aux abeilles ainsi enfermées. Cette précaution est cependant indispensable pour que le plus grand nombre des nourricières ne soient pas sorties au moment de l'opération, et qu'on puisse les partager également entre les deux ruches.

316. *Comment on opère quand on asphyxie les abeilles.* — Lorsque, pour faire les essaims, on s'est servi de principes asphyxiants, on prend sur le tablier une partie des abeilles qui y sont tombées, et l'on y trouve la reine avec laquelle on emporte le moins de mâles possible. Le partage est tellement facile, lorsqu'on opère ainsi, qu'on pourrait presque peser ou compter les abeilles, afin d'en mettre un tiers avec la reine et de laisser le reste pour la ruche qui reste en place.

317. *A quelle distance on doit porter la ruche qui contient la reine.* — On a beaucoup agité la question de savoir la distance à laquelle on doit porter la reine avec son essaim. On a parlé de vingt pas, on a parlé d'une demi-lieue. Cette question, à mes yeux, n'a pas une grande impor-

tance. Ce qu'il y a d'essentiel, c'est de clore les abeilles qu'on emporte. Il m'est arrivé de laisser les deux ruches l'une à côté de l'autre, sans qu'elles se mêlassent ensuite, grâce à la précaution que je prenais de les fermer. Sans cette précaution, vingt pas, cent pas, une demi-lieue même peuvent être une distance insuffisante, tant les abeilles sont routinières et sont disposées à prendre le chemin dont elles ont l'habitude.

318. *Il faut surveiller les essaims artificiels.* — Ce n'est pas tout que d'avoir séparé un essaim de sa souche, il faut encore le surveiller, surtout s'il ne contient pas de cellule royale. Lorsqu'il en est ainsi, les abeilles se mettent bien vite à l'œuvre pour se créer une reine artificielle. Mais il peut arriver que pendant l'élargissement des cellules les vers qu'elles contiennent viennent à tomber; il faut donc faire une visite le cinquième jour, et s'assurer que les cellules royales artificielles contiennent des larves. Si elles étaient vides, il serait nécessaire d'ajouter de nouvelles portions de rayons contenant du couvain assez jeune pour remplacer celui qui a échoué. Il m'est arrivé de faire cette addition jusqu'à trois fois de suite avant d'obtenir un résultat satisfaisant.

319. *Ce que l'on fait si les abeilles désertent la*

nouvelle ruche. — Si, par défaut de soins, on avait laissé les abeilles déserter la nouvelle ruche, il faudrait de suite la porter sur le tablier de celle d'où elle a été extraite, et mettre celle-ci à la place où on avait installé la ruche qui a été désertée. Au bout de quelques heures, l'équilibre entre les deux populations serait rétabli.

520. *Avantages des essaims prématurés.* — Outre tous les avantages que nous avons signalés, les essaims prématurés ont encore celui d'être faits plus tôt que les essaims naturels, et nous savons qu'un essaim est d'autant meilleur qu'il est plus précoce. En outre, lorsqu'on les obtient avec ma ruche, ils ont de suite toutes les provisions nécessaires, et on ne les fait qu'autant que la population le permet, ce qu'il n'est pas toujours facile de juger dans les ruches ordinaires.

521. *On ne doit pas craindre de contrarier les instincts des abeilles.* — Enfin, si on venait à reprocher à la méthode des essaims prématurés de ne pas laisser les abeilles libres dans leurs instincts, je répondrais d'abord qu'il ne faut pratiquer l'essaimage qu'autant que les conditions naturelles les plus essentielles existent; et puis, l'abeille étant devenu un animal domestique, pourquoi n'agirions-nous pas avec elle comme avec nos volailles,

dont nous contrarions aussi les instincts qu'elles ne perdent pas malgré leur long état de domesticité? car, si nous ne les tenons pas dans un lieu clos, elles s'empressent de dérober leurs œufs.

§ 3. ESSAIMS D'AUTOMNE.

322. *Formation des essaims d'automne.* — Les ruches à cadres permettent encore de recueillir des essaims à une époque où les ruches n'en jettent plus; c'est au moment où les cultivateurs détruisent les abeilles pour récolter le miel et la cire.

Votre rucher a prospéré, votre localité est bonne, et vous voulez augmenter le nombre de vos ruches; vous en avez gardé quelques-unes sans les *tailler*, sans leur enlever de miel. Le mois d'octobre arrivé, vous transvasez les abeilles que vos voisins voulaient détruire; vous les apportez chez vous, et, après avoir pris quatre à cinq cadres dans une de vos bonnes ruches et les avoir placés dans une ruche vide avec deux cadres non garnis, vous y jetez ces abeilles; vous poussez les portes de cette ruche jusqu'aux cadres, et vous agissez de même avec celle que vous avez dépouillée en partie. La population que vous avez apportée se trouve ainsi au milieu de provisions abondantes, et, pourvu qu'elle soit forte, elle parvient au printemps comme si elle n'était pas sortie de chez elle.

323. *Autre emploi des abeilles qu'on peut recueillir en automne.* — Alors même qu'on ne voudrait pas organiser de nouvelles ruches, il ne faudrait pas négliger de recueillir les pauvres abeilles que des voisins imprévoyants sacrifient sans pitié, autant par ignorance que par cupidité. Les ruches ne sont jamais trop fortes en population ; et, chose singulière, au premier abord, plus il y a d'abeilles dans une ruche pendant l'hiver, moins elles mangent. Ce fait cependant s'explique très-bien. Les abeilles, pour résister au froid, ont besoin d'entretenir la ruche dans un certain état de chaleur : si elles sont nombreuses, cette chaleur existe naturellement ; si, au contraire, elles sont en petit nombre, elles ne peuvent développer dans la ruche, par leur masse, une chaleur suffisante, et elles y suppléent en se nourrissant beaucoup, si bien que les provisions disparaissent rapidement.

Si donc vous ne voulez pas augmenter votre rucher, recueillez les abeilles de vos voisins pour les ajouter à vos ruches les plus faibles ; mais il ne faut marier ainsi deux essaims que lorsque leurs abeilles sont de même espèce, et il est bon d'enfumer préalablement celles qui sont dans la ruche dont on veut augmenter la population, et d'asperger d'eau miellée celles qu'on veut y introduire. Les abeilles de la ruche, étourdies par la fumée, ne s'aperçoivent pas d'abord de l'introduction de celles qu'on leur a jointes; et puis, lorsqu'elles sont revenues à elles, elles sentent l'eau miellée qui recouvre les nouvelles venues, et elles les lèchent au lieu de les tuer.

§ 4. SOINS A DONNER AUX RUCHES ET AUX ABEILLES.

524. Nous avons appris, dans les paragraphes qui précèdent, à organiser complétement un rucher avec des ruches à cadres verticaux, et à procéder avec elles à l'opération de l'essaimage. Mais ces notions ne sont pas tout ce qu'il importe de savoir pour la direction du rucher ; il faut encore, si l'on veut qu'il prospère, donner certains soins aux ruches et aux abeilles. Ces soins sont bien plus faciles avec l'emploi des ruches à cadres verticaux qu'avec tout autre système.

525. *Inconvénients des ruches en menuiserie et moyens d'y remédier.* — Les ruches en menuiserie ne sont pas sans inconvénients ; le plus grand consiste dans le dérangement des planches qui les

composent, dérangement occasionné par le travail du bois exposé continuellement aux vicissitudes atmosphériques. Les faces se dilatent, se déjettent, et il en résulte des écartements considérables. On prévient ce travail ou on y remédie en mettant de bonnes traverses sur chacune des faces; et, si l'on fait dépasser les traverses placées sur les faces antérieure et postérieure, elles servent de poignées pour transporter les ruches. Si l'on n'a pu remédier au désordre produit par le travail du bois, il faut boucher les fentes avec un mastic quelconque, tel que le *pourget*, qui n'est autre chose que l'*onguent de Saint-Fiacre*, si connu des jardiniers.

Si ces fentes existent depuis longtemps, et que les abeilles aient pris l'habitude de s'en servir comme d'entrées, il ne faut pas se hâter de les fermer complétement; car on les a vues quelquefois quitter les ruches lorsqu'on leur avait fermé leur chemin ordinaire.

326. *Remplacement des cadres détériorés.* — Lorsque quelques cadres sont détériorés et ne peuvent plus porter les rayons, on les remplace par d'autres dans lesquels on fixe ces rayons avec du fil de fer.

327. *La peinture doit être renouvelée.* — Les ruches, comme nous l'avons déjà dit, doivent être

peintes; leur peinture sera renouvelée de temps en temps, et toutes les inégalités devront être soigneusement mastiquées.

528. *Nécessité d'une couverture.* — Nos ruches ont un indispensable besoin d'une couverture supérieure en planche, tuiles ou zinc, sous laquelle il est bon de mettre une sorte de matelas en mousse qui ne sert guère de refuge aux insectes. Mais, si la saison devient trop chaude ou trop froide, il faut envelopper les ruches de surtouts plus épais. C'est particulièrement dans les climats où l'hiver est variable que cette précaution est nécessaire pour garantir les abeilles des chaleurs précoces qui provoquent leur sortie, les affament et en font périr un grand nombre.

On comprendra la nécessité de couvrir les ruches pendant l'hiver quand on verra, dans celles où cette précaution n'aura pas été prise, la glace ou la neige fondre au-dessus de l'endroit où les abeilles sont accumulées.

529. *Les abeilles ont besoin d'air en toute saison.* — Les abeilles ont besoin de beaucoup d'air dans tous les temps et même pendant l'hiver; aussi y a-t-il des éducateurs qui soulèvent leurs ruches pendant cette saison; d'autres, au contraire, ne laissent qu'une ouverture fort petite. Entre ces

deux extrêmes il y a un terme moyen que je conseille de prendre. Il ne me paraît utile de rétrécir beaucoup les entrées des ruches que lorsqu'elles sont posées à fleur de terre, parce qu'il est alors essentiel de les garantir autant que possible de l'humidité et des insectes.

Mirbeck ménage un trou à la partie supérieure de la ruche, et s'efforce de renouveler l'air, alors même que le thermomètre marque zéro.

Dans les pays très-chauds et dans les endroits où l'air circule difficilement, on ne doit pas craindre, pendant l'été, de soulever la ruche ou de tenir un de ses côtés entr'ouvert ; c'est surtout alors que le châssis en toile métallique est utile.

330. *Les entrées doivent rester toujours ouvertes.* — L'expérience m'a appris qu'il n'y avait aucun danger à laisser les ouvertures de mes ruches libres pendant l'hiver. Comme elles sont peu larges et assez distantes les unes des autres, le vent ne les traverse qu'en se brisant, et perd alors beaucoup de sa froidure. Les abeilles n'en profitent pas pour quitter la ruche en temps inopportun, parce qu'elles savent fort bien quand elles peuvent sortir sans inconvénient. L'ouverture de ces entrées me paraît encore indispensable sous un autre rapport. Pendant l'hiver, il périt beaucoup d'abeilles dont

les cadavres gênent considérablement celles qui leur survivent; car, lorsque la ruche est fermée, celles-ci les portent dans tous les recoins, entre tous les joints où elles peuvent les loger : si, au contraire, les entrées sont libres, elles profitent des premiers beaux temps pour les jeter dehors.

331. *L'humidité rend plus nécessaire le renouvellement de l'air.* — C'est surtout dans les saisons trop longtemps pluvieuses qu'il faut avoir le soin de donner beaucoup d'air aux ruches. Il faut aussi veiller alors à ce que l'eau ne puisse pénétrer dans leur intérieur. En temps de neige, un coup de balai donné à propos, surtout au moment de la fonte, est de la plus grande utilité.

332. *Les abeilles souffrent peu d'une température froide.* — Les abeilles souffrent moins d'une température froide que de l'humidité. Il faut donc seulement se tenir en garde contre les froids excessifs, et ne conserver que les ruches fortes en population et en provisions; elles passeront toujours bien les hivers les plus longs.

333. *Visite de l'intérieur des ruches pendant l'hiver.* — Lorsque la température est assez douce pendant l'hiver, on doit visiter l'intérieur des ruches pour enlever les cadavres dont les abeilles n'auraient pu se débarrasser ; mais il faut bien se

garder de les ouvrir par un trop grand froid. Si on commettait cette imprudence, les abeilles tomberaient en grand nombre, et la population affaiblie ne pourrait relever la température soudainement abaissée.

334. *Comment on renforce la population d'une ruche faible.* — L'apiculteur éclairé doit veiller avec le plus grand soin à ce que la population de chacune de ces ruches reste forte et active. Si donc, par des raisons quelconques, une ruche s'affaiblit en population, il faut pourvoir aux moyens de réparer ses pertes.

Pour y parvenir, on prend dans une des meilleures ruches un ou deux cadres remplis de couvain clos prêt à éclore et chargé d'abeilles; on s'assure que la reine ne s'y trouve pas, et on les met, dans la ruche qui dépérit, à la place de ses deux plus mauvais cadres, qu'on substitue à ceux qu'on a enlevés. Mais, comme nous l'avons déjà dit dans le paragraphe précédent, il est absolument nécessaire que les abeilles des deux ruches soient de la même espèce; autrement il en résulterait un combat qui pourrait être terrible, et ce serait en vain que, pour le prévenir, on mettrait les abeilles à l'état de bruissement par de la fumée.

Il faudra aussi fermer, pendant un ou deux jours,

la ruche dont on aura augmenté la population; car, sans cette précaution, les abeilles qu'on y aurait introduites retourneraient, dès le lendemain, à leur ancien domicile.

335. *Comment on renforce un essaim faible ou tardif.* — Lorsqu'on recueille un essaim faible ou tardif, on peut lui donner de suite une grande force en lui ajoutant des rayons comme nous venons de l'expliquer.

336. *Ce qu'il y a de mieux à faire quand on a recueilli un essaim faible.* — Si, au lieu de faire une nouvelle ruche avec cet essaim faible ou tardif, vous voulez le marier à une ruche faible, ce qui vaut infiniment mieux, vous y parvenez par un moyen que nous avons déjà indiqué. Vous aspergez d'eau miellée les abeilles de cet essaim, vous enfumez la ruche où vous voulez les introduire, et, après avoir ouvert la porte de cette ruche, vous y précipitez l'essaim, qui s'empresse de se réfugier dans un lieu qui va le mettre à l'abri de la fraîcheur de la nuit, car c'est le soir que ce mélange doit se faire.

Si l'on recevait, dans le même jour, deux faibles essaims, il faudrait procéder de la même manière pour les réunir.

337. *Un rucher bien dirigé n'a pas de ruches*

faibles. — Ainsi, quand on gouverne bien son rucher, on ne doit jamais avoir de ruches faibles, à moins que leur appauvrissement ne provienne de causes générales.

338. *Remplacement d'une reine vieille ou malade.* — Une ruche peut être affaiblie par une cause spéciale à laquelle il faut apporter un remède tout différent de ceux que nous venons d'indiquer ; c'est lorsque cet affaiblissement provient soit d'une maladie de la reine, soit de sa vieillesse, qui arrive vers la cinquième année de son âge. On sait qu'alors sa ponte se ralentit sensiblement, et il est d'une bonne pratique de ne pas lui laisser commencer cette cinquième année. Lorsqu'on veut la remplacer, on la cherche à l'époque des mâles, on la détruit, et, si les rayons ne portent pas un alvéole ou du couvain convenable, on en ajoute en en prenant dans les ruches voisines, et on choisit de préférence, quand on le peut, des cellules royales garnies de larves.

339. *Manière de se procurer des cellules royales habitées.* — Si l'on n'a pas de ces cellules, on peut s'adresser à ses voisins, qui sont peut-être plus avancés. J'en ai apporté de la Touraine en Anjou, et j'en ai envoyé par la poste jusqu'à 35 lieues de chez moi, chez les révérends pères de la Meille-

raye, dans la Loire-Inférieure; à plus forte raison peut-on en prendre chez ses voisins.

Lorsque je veux enlever un alvéole royal, je détache avec un couteau la portion de rayon à laquelle il est fixé, puis j'ébrèche le gâteau central de la ruche où je veux l'introduire, afin de faire de la place, et j'attache à cette place la portion de rayon qui porte l'alvéole royal, en la traversant d'une forte épingle ou d'une épine. Vingt-quatre heures après, les abeilles ont soudé le gâteau introduit. La nymphe parcourt toutes les phases de son développement, et, arrivée à l'âge où elle doit naître, elle rompt l'opercule qui la couvre, est fort bien accueillie par les abeilles, et se conduit ensuite comme dans les cas ordinaires. J'ai vu, six semaines après une semblable opération, de pauvres ruches rendues méconnaissables, tant elles étaient devenues riches et prospères.

340. *Ce que l'on fait si on est obligé de sacrifier la reine hors le temps des mâles.* — Mais si le dépérissement de la ruche avait lieu hors le temps des mâles, et si ce dépérissement tenait à la vieillesse ou à l'état de maladie de la reine, il n'y aurait d'autre parti à prendre que de marier le reste de sa population avec celle d'une autre ruche.

341. *Il ne faut pas remplacer immédiatement la*

reine qui a péri. — Si, par un accident quelconque, on venait à perdre la reine et qu'on s'en aperçût aussitôt, il ne faudrait pas la remplacer immédiatement par une autre; car celle-ci, dans les premières vingt-quatre heures, courrait grand risque d'être étouffée par les abeilles, qui ne la piqueraient pas, mais qui se serreraient contre elle, l'enlaceraient de toutes parts, et la feraient périr ainsi; mais, après vingt-quatre heures et même dix-huit, la nouvelle reine que l'on présente est ordinairement bien accueillie.

342. *Ce que l'on fait si plusieurs essaims se réunissent.* — Il arrive souvent, dans les grands ruchers, que plusieurs essaims se réunissent; j'en ai vu quatre qu'on avait ainsi recueillis dans une même ruche, et on en a vu jusqu'à sept. Que faire d'une pareille masse d'abeilles? Il est très-facile de les séparer en groupes assez forts pour garnir plusieurs ruches; mais chacun d'eux aura-t-il une reine? ce serait un bien grand hasard. Avec mes ruches, nul embarras ne résulte d'une pareille agglomération. On introduit dans l'une d'elles un rayon contenant l'élément royal, et l'on y fait ensuite tomber autant d'abeilles qu'il est nécessaire pour faire un bon essaim. Si la reine y est, le rayon sert de régulateur; si, au contraire, il n'y a

pas de reine, les abeilles s'empressent de s'en créer une avec le couvain qu'on leur a confié, et l'on garnit ainsi successivement autant de ruches que le permet la masse des abeilles qui se sont réunies.

343. *Les ruches doivent être suffisamment approvisionnées pour l'hiver.* — Lorsqu'on approche de l'hiver, c'est-à-dire en octobre ou en septembre, il faut s'assurer que les ruches sont suffisamment approvisionnées pour traverser cette saison. On a coutume de compter 1 kilogr. de miel par 500 grammes d'abeilles; d'autres en prescrivent 1 kilogr. par mois; mais il est bon d'en laisser plutôt plus que moins. Les abeilles ne prendront jamais que leur strict nécessaire, et l'excédant, s'il y en a, se retrouvera au printemps. D'abondantes provisions sont surtout indispensables dans notre climat si variable. Dans les pays froids, au contraire, les abeilles sont retenues captives pendant toute la durée de l'hiver; leur appétit n'est donc pas excité par des sorties fréquentes, et elles mangent très-peu, comme Hunter l'a expérimenté aux environs de Londres.

344. *Manière de panser les ruches faibles pour l'hiver.* — Pour assurer la nourriture des abeilles, il ne faut pas attendre les approches de l'hiver.

On a dû, au moment de la récolte, conserver intactes quelques bonnes ruches, et il suffit alors, dans les mois de septembre ou d'octobre, d'y prendre quelques rayons qu'on distribue aux ruches pauvres. Mais, si l'on ne s'est pas ménagé cette ressource, on y supplée en remplissant un ou deux rayons des ruches qui sont peu approvisionnées, avec du miel délayé dans une très-petite quantité d'eau ou de vin. Les abeilles le couvrent parfois d'un opercule; cependant, si on ne s'y prend pas trop tard, il suffit de mettre dans la ruche une assiette remplie de miel couvert de paille ou de lanières de papier; les abeilles s'emparent de ce miel et le portent dans les rayons.

Ces divers *pansements* ne doivent se faire que le soir, tant ils provoquent facilement le pillage, et encore, le lendemain et les jours suivants, est-il bon de tenir toutes les entrées fermées.

Il est bien constaté que les pansements ne sont efficaces que lorsqu'ils sont faits à temps, et que la population est assez forte pour passer l'hiver; autrement, ils sont en pure perte; aussi vaut-il mieux marier les ruches faibles en population que de les nourrir.

345. *Pansements du printemps.* — Mais les pansements sont encore plus indispensables au

printemps, à la fin de mars ou au commencement d'avril, lorsque l'hiver a été doux. C'est alors qu'il est surtout essentiel de mêler un peu de vin au miel.

346. *Pansements d'été.* — Ce n'est pas seulement avant l'hiver et au printemps qu'il faut pourvoir à la nourriture des abeilles. Il y a des étés tellement secs, qu'elles ne récoltent absolument rien, et consomment les provisions qu'elles avaient accumulées pendant le printemps. Une sécheresse continuelle exige donc de votre part une visite sérieuse du rucher.

347. *Sirops pour pansements.* — On a donné diverses recettes de marmelades, de sirops pour nourrir les abeilles, à défaut de miel; mais la plupart sont coûteux, et, quoique les abeilles s'en emparent, ils leur conviennent peu pour la plupart. On parle beaucoup d'un sirop de glucose; mais les abeilles ne l'acceptent que lorsqu'il est aromatisé ou excité par la présence d'un peu de vin.

348. *Résumé des soins à donner aux diverses époques de l'année.* — Tous ces soins n'ont rien que de simple et de facile; il ne faut pas une grande science pour les donner, et ils sont à la portée de l'intelligence la plus ordinaire; ils ne sont, d'ailleurs, ni longs ni minutieux. Malgré tous

les détails dans lesquels je viens d'entrer, il ne faut pas s'imaginer qu'il faille passer toute l'année dans son rucher. Les soins qu'exigent les abeilles demandent, au contraire, bien peu de temps; je l'évalue, pour l'homme un peu actif, à quatre heures par an pour chaque ruche.

Je termine ce paragraphe par un résumé succinct des soins que le rucher exige suivant chaque époque de l'année.

Octobre. — En octobre, on soulève les ruches pour s'assurer de leur poids; on ajoute quelques rayons à celles qui sont trop légères, et, à défaut des rayons, on y introduit du miel ou du sirop préparé convenablement; on enlève, en outre, à cette époque, les portions de rayons qui peuvent être construites au-dessous du cadre inférieur.

Mars. — Le rucher n'exige plus aucun soin jusqu'en mars; mais, à cette époque, on doit faire une visite très-minutieuse de chaque ruche; on examine tous les rayons, les uns après les autres, pour s'assurer s'ils ne contiennent point déjà quelques larves de fausses teignes, s'ils ne sont point moisis ou s'ils ne renferment pas de couvain pourri; toutes les parties malades sont coupées jusqu'aux parties saines et enlevées; on cherche partout les galeries des fausses teignes, et on en détruit les vers, quelque petits qu'ils soient; les parois de la ruche sont frottées avec la lame du cératome, et toutes les jointures bien grattées; on enlève l'excès de propolis, qui finirait par souder les cadres aux parois; les supports sont aussi visités et renouvelés, s'ils ne sont plus solides; le sol est battu et nettoyé de l'herbe qui peut commencer à croître; puis on y répand des cendres de lessive ou du sel en quantité suffisante pour empêcher l'herbe de pousser.

Mai ou juillet. — Les mois de mai et de juillet sont l'époque de l'essaimage, suivant les pays. L'apiculteur procède à cette opération tout aussitôt que les circonstances le permettent. Quelques jours après, il fait une nouvelle visite, soit pour former d'autres essaims, soit pour empêcher les ruches d'en jeter naturellement. C'est à cette époque qu'il peut céder, en toute conscience, les essaims qui ont bien réussi, aux personnes qui lui en ont demandé. Leur transport est facile avec nos ruches, parce que les rayons y trouvent des points d'appui sur les planchettes des cadres. Si le propriétaire garde pour lui ces essaims, il fera bien de les établir au loin, et il ne laissera, à moins de circonstances toutes particulières, que fort peu de ruches sur chaque point de sa propriété.

Juin ou septembre. — C'est en juin ou septembre qu'on doit faire la récolte de miel, en procédant avec prudence et sans avidité, mais en veillant cependant à ce que les abeilles aient toujours de la place où elles puissent apporter de nouvelles provisions. Aussi est-il important de faire, à cette époque, une visite tous les dix ou quinze jours pour reconnaître si les ruches sont pleines, et il suffit de les soupeser pour s'en assurer.

§ 5. ORGANISATION ET DIRECTION DE LA RUCHE DE L'OBSERVATEUR.

349. La raison qui m'a engagé à ne pas décrire la ruche de l'observateur m'empêche d'entrer dans aucun détail sur la manière de la garnir d'abeilles et sur les soins qu'elle exige; mais c'est à mon grand regret, tant à cause des agréments qu'elle procure que des importants avantages que l'on peut retirer des observations qu'elle permet de faire. Je compte lui consacrer un long article dans le traité complet que je prépare.

CHAPITRE IV.

Du miel et de la cire.

RÉCOLTE DU MIEL ET DE LA CIRE ; PROCÉDÉ POUR EXTRAIRE LE MIEL DES RAYONS ; SES QUALITÉS ; EXTRACTION DE LA CIRE ; ÉVALUATION DU REVENU D'UN RUCHER ET DÉPENSES NÉCESSAIRES POUR SON ORGANISATION.

Deux fois d'un miel doré ses rayons sont remplis ;
Deux fois ces dons heureux tous les ans sont cueillis.
. . . .
. . . .
Toutefois, si l'hiver, alarmant ta prudence,
Te fait de tes essaims craindre la décadence,
Épargne leurs trésors dans les temps malheureux
Et n'en exige pas un tribut rigoureux.

VIRGILE (*Géorgiques*).

§ 1. RÉCOLTE DU MIEL ET DE LA CIRE.

350. Rien de plus exact, de plus précis que ce que dit Virgile sur la production et la récolte du miel. Deux fois par an, en effet, on peut le cueillir, au printemps, après la grande ponte et en automne, dans les ruches qui sont trop fortement approvisionnées; mais les époques précises de la ré-

colte varient suivant les cultures, comme je l'ai dit plus haut.

Virgile veut aussi, avec raison, que la récolte d'automne soit faite avec prudence, afin que les abeilles n'aient rien à craindre d'un hiver trop prolongé.

351. *Avantages de la ruche à cadres pour la détermination du moment de la récolte.* — Avec notre ruche, il ne peut y avoir aucune incertitude sur le moment où il faut procéder à la récolte, à la *taille*. On ouvre la ruche après la grande ponte, et on voit aussitôt si elle est abondamment garnie. Il ne faut cependant pas agir légèrement et à la première vue; car il peut se faire que tous les rayons d'une même côté, jusque vers le milieu, soient remplis de miel, et les autres de couvain. La taille, dans de pareilles circonstances, serait des plus pernicieuses. Il faut donc, avant de châtrer la ruche, la visiter scrupuleusement.

352. *Description de la taille.* — Si la ruche est convenablement garnie, on prend les cadres impairs 1, 3, 5, 7, 9, dont on chasse les abeilles avec les barbes d'une plume; on les pose sur le casier, et on les porte à l'ombre. Lorsque chacun de ces cadres ne contient que du miel, on l'enlève entièrement; mais, s'il reste du couvain dans la partie

inférieure, on la détache de la partie supérieure, que l'on tient fortement de la main gauche, pendant que de la droite on imprime un mouvement de rotation à la partie inférieure. Celle-ci étant ainsi détachée, on la remet sur le casier; puis, avec de petites tenailles, on ôte les chevilles qui fixent la partie supérieure au liteau. On pose ensuite cette partie supérieure sur le casier, et on fixe au liteau, au moyen de chevilles, la partie inférieure qui contient du couvain. On enlève alors avec un couteau le rayon contenu dans le demi-cadre supérieur que l'on réunit, au moyen de la pince en tôle, à celui qu'on vient d'attacher au liteau.

S'il y avait du couvain vers le milieu de la partie supérieure du cadre, mais en petite quantité, il faudrait également le respecter en passant le couteau tout autour.

La même opération est faite à tous les cadres impairs, et, à mesure qu'on enlève les rayons, on les dépose dans le vase que nous avons décrit ou dans tout autre, en ayant soin de les bien couvrir.

353. *Il ne faut pas toujours s'astreindre à ne prendre que les rayons impairs ou pairs.* — Il peut se faire que dans certaines ruches deux ou

trois rayons voisins les uns des autres soient pleins de miel et que d'autres ne contiennent guère que du couvain. Il ne faut pas alors s'astreindre à ne prendre que les cadres impairs; mais on doit choisir tous ceux qui sont les plus remplis de miel, et placer ensuite les cadres qu'on a ébréchés entre ceux qu'on a laissés intacts. Les abeilles sont ainsi forcées à bâtir toujours droit, parce qu'elles se trouvent resserrées entre deux murailles infranchissables. Il faut cependant faire en sorte qu'il reste dans la ruche une certaine quantité de miel, et, s'il y avait beaucoup de couvain dans les cadres pairs, on devrait laisser du miel dans la partie supérieure des impairs.

354. *Il ne faut jamais laisser un demi-cadre vide au-dessus d'un demi-cadre plein.* — Mais il ne faut jamais placer un demi-cadre vide au-dessus d'un demi-cadre plein, car les abeilles n'aiment pas à construire au-dessus de leurs édifices. Leur instinct est tout à fait prononcé à cet égard, comme on peut s'en assurer en les observant à l'état sauvage. J'en ai moi-même fait l'expérience avec mes ruches, lorsque mes cadres étaient d'une seule pièce. Je récoltais alors le miel contenu dans la partie supérieure du cadre et je laissais intacte sa partie inférieure, afin de ménager le couvain

qu'elle contenait; mais il arrivait souvent que les abeilles refusaient de construire au-dessus des rayons que j'avais conservés. C'est ce qui m'a déterminé à partager mes cadres en deux parties égales qui pussent occuper tour à tour la partie supérieure de la ruche. C'est, du reste, la connaissance de cet instinct des abeilles, qui a fait imaginer les diverses ruches à hausses dont on s'est servi jusqu'à ce jour.

355. *On peut quelquefois faire plusieurs tailles consécutives.* — La récolte du miel ne doit pas toujours se réduire à cette première taille : quinze ou vingt jours après qu'elle a été faite, et quelquefois plus tôt, il n'est pas rare de voir les brèches de la ruche complétement réparées; rien n'empêche alors d'agir avec les cadres pairs, comme on l'a fait avec les cadres impairs. On peut même, dans les années favorables, et dans les pays qui produisent abondamment les fleurs riches en miel, tailler jusqu'à quatre fois, sans que la ruche coure aucun risque, si on a soin de ne récolter jamais que tous les cadres ne soient bien pleins; de sorte qu'on arrive à l'arrière-saison avec quatre ou cinq cadres chargés chacun de 3 à 4 kilogrammes de miel.

356. *Taille d'automne.* — Si en automne tous

les rayons se trouvaient encore garnis, il serait vraiment nécessaire d'en ôter quelques-uns pour faire de la place : car, si la reine avait besoin de pondre, les abeilles les remplaceraient aussitôt par de nouveaux rayons dans lesquels les œufs seraient déposés; si, au contraire, la reine ne trouvait aucune place pour pondre, on courrait le risque de la perdre.

357. *Taille du printemps.* — Si, par excès de prudence, on a conservé trop de miel à l'automne, il faut, au printemps, avant la grande ponte, enlever celui qui peut encore rester dans la partie inférieure de tous les cadres impairs, et récolter en même temps les rayons qui s'y trouvent, si leur cire a vieilli. Mais, à cette époque, on doit être très-réservé, car personne ne sait ce que sera le lendemain d'un beau jour, et tel printemps qui s'annonce bien peut devenir froid, sec ou pluvieux, et être suivi d'un été d'une aridité désolante. Lorsqu'il en est ainsi, les abeilles, si on ne les a pas laissées suffisamment pourvues, sont exposées à souffrir de la faim; c'est ce qui est arrivé en 1850.

358. *Déplacement des ruches dans les contrées de cultures spéciales.* — Dans les contrées de cultures spéciales, comme celles de colza, de sain-

foin, après avoir butiné sur les fleurs de ces plantes et avoir rempli leur ruche du miel qu'elles y ont puisé, les abeilles ne trouvent plus rien dans le pays, qui est ordinairement couvert de lin, de céréales ou de betteraves. On enlève alors une forte portion de leurs provisions, et l'on transporte les ruches ainsi allégées dans des contrées qui offrent d'autres ressources, telles que des landes, des forêts, du blé noir.

559. *Moyen d'obtenir du miel de qualité supérieure.* — Quand on est dans le voisinage de plantes telles que les labiées et les tilleuls, dont les fleurs fournissent un miel si exquis, on doit tailler ses ruches avant la floraison de ces plantes, afin que le miel qu'elles vont fournir soit pur de tout mélange et qu'on puisse le récolter séparément.

560. *Ressources que présente la ruche à cadres.* — En dehors des récoltes ordinaires, nos ruches peuvent présenter, dans de certaines circonstances, de précieuses ressources. Si vous avez un malade, un jeune enfant dont il faille emmieller les bords de la coupe remplie du liquide amer qui doit le sauver; s'il vous survient des amis friands de miel, rien ne vous empêche d'ouvrir vos bonnes ruches et d'y prendre un rayon qui fera les délices des gourmets, ou encouragera le

petit malade à vaincre la bien juste répugnance que lui inspirent et le goût et l'odeur du remède qu'on lui présente.

Quelle autre ruche que la mienne peut présenter de pareils agréments?

361. *Les tailles successives ne dégoûtent pas les abeilles.* — Ces dépouillements successifs, loin de fatiguer les abeilles, de les dégoûter, les excitent, au contraire, au travail, en les forçant de réparer leurs pertes, et procurent des quantités de miel qu'aucun autre système ne peut produire, sans qu'on ait jamais à craindre la disette.

362. *La taille doit être faite vers midi.* — C'est dans le haut du jour qu'on pratique la taille, parce que dans ce moment il y a très-peu d'abeilles dans la ruche. Mais, aussitôt que les rayons ont été remis à leur place, il faut avoir grand soin de fermer toutes les entrées, ou de ne laisser du moins que quelques ouvertures pour recevoir les butineuses qui sont dehors. Il faut surtout bien se garder de laisser tomber quelques gouttes de miel sur le tablier; ce miel attirerait les abeilles du voisinage et pourrait exposer la ruche au pillage.

363. *On peut aussi la faire le soir.* — Je me suis demandé s'il ne vaudrait pas mieux tailler à

la chute du jour, afin d'éviter le danger du pillage. Il est vrai que, dans ce moment, les abeilles seraient plus nombreuses; mais ce ne serait pas un obstacle, puisqu'il est facile de les faire passer des rayons enlevés dans la ruche. Il serait alors inutile de fermer les entrées le jour suivant, parce que tout le désordre produit par la taille ayant été réparé dans la nuit, les abeilles pourraient, dès le retour du jour, veiller à la défense de leur demeure.

564. *On doit opérer le matin, si on emploie l'asphyxie.* — Les personnes qui emploient l'asphyxie momentanée pour forcer les essaims peuvent aussi très-bien s'en servir pour procéder à la taille; elles devront alors agir le matin, afin de ne pas s'exposer à la grande chaleur et de ne pas être tourmentées par une foule d'abeilles à leur retour des champs.

Mais, je le répète, ce n'est point sans danger que l'on suspend ainsi la vie des abeilles, et de plus il m'a été assuré que les matières employées pour l'asphyxie donnaient au miel une certaine odeur qu'il conservait pendant fort longtemps.

Nous ne conseillerons pas non plus l'emploi de la fumée, parce qu'une plume suffit toujours pour faire quitter les rayons aux abeilles, et nous les avons vues souvent, au contraire, lorsqu'elles avaient été mises en bruissement par la fumée, se tenir fortement cramponnées aux gâteaux et ne vouloir plus les quitter.

365. *Taille des ruches communes à cadres.* — La taille des ruches rondes dont les cadres sont en osier n'est pas aussi facile. Il sera bon, avec ces ruches, d'attendre que chaque rayon qu'on voudra *châtrer* soit complétement rempli de miel. Si cependant on se décide à tailler malgré la présence du couvain dans la partie inférieure du cadre, on enlèvera le petit arceau *mno* (fig. 1), puis on

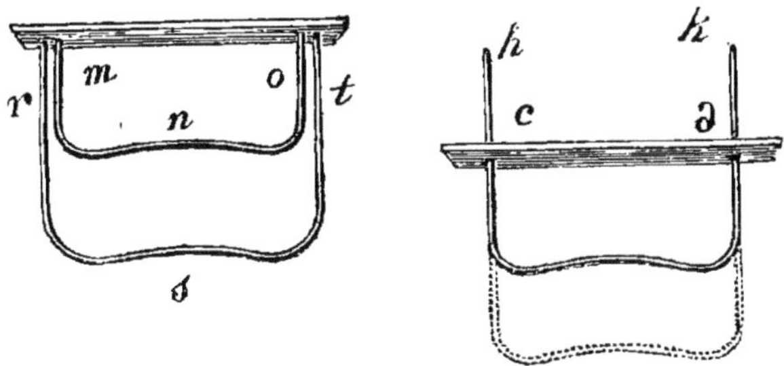

Cadres en osier.

poussera le grand arceau qui contient le couvain dans les mortaises qu'occupait le petit arceau jusqu'en *c d*, et l'on coupera les parties *c h* et *d k*, qui dépassent le liteau (fig. 2), puis on ajoutera un nouvel osier pour remplacer le grand arceau. On prendra d'ailleurs, avec cette sorte de ruche, toutes les mesures que nous avons recommandées pour la ruche carrée.

366. *Précautions à prendre pour les tailles d'été.* — Les alvéoles sont rarement clos dans le courant de l'été ; aussi, lorsqu'on taille dans cette saison, faut-il porter les rayons bien perpendiculairement, de peur de répandre le miel qu'ils contiennent. Le miel coule alors si aisément, qu'on pourrait l'obtenir presque en totalité sans enlever les rayons des cadres qui le contiennent, et en se contentant de les incliner tantôt d'un côté, tantôt de l'autre; mais, en agissant ainsi, on se priverait de la cire.

367. *Il ne faut pas cueillir le miel qui se trouve au-dessous du plancher inférieur.* — Les années chaudes et humides, sans être pluvieuses, sont souvent si abondantes en miel, que les abeilles en déposent quelquefois sous le plancher inférieur placé au-dessous des cadres. Il faut s'abstenir d'enlever ce miel, parce que cette récolte ne pouvant être faite que dans la ruche, il en tombe toujours une certaine quantité sur le tablier, ce qui provoque le pillage.

368. *On ne doit jamais laisser vides deux rayons contigus.* — Lorsqu'on ouvre une de ces fraîches et belles ruches dont tous les rayons sont

pleins et unis comme des planches, il faut prendre garde de se laisser aller à la tentation, bien naturelle, je l'avoue, pour celui qui n'a jamais récolté, d'enlever deux rayons contigus. Si on faisait un aussi grand vide, les abeilles pourraient ne pas rebâtir ou rebâtir mal, en préférant allonger démesurément les cellules des rayons conservés, ce qui gênerait beaucoup la manipulation de la ruche pour la récolte suivante.

369. *Il faut ménager le pollen frais et enlever celui qui est vieux.* — Il faut, dans les tailles d'été, ménager le pollen à l'égal du couvain; mais celui qui reste après l'hiver doit être soigneusement enlevé. A cette époque, il est devenu trop dur, et les abeilles n'en font plus aucun usage; il prend donc une place qui sera mieux occupée par de nouvelles provisions.

370. *Il est utile d'ouvrir les ruches d'avance.* — Quand on possède un certain nombre de ruches qu'on se propose de tailler le même jour, il faut d'abord les ouvrir toutes, et au bout d'un quart d'heure revenir à la première qu'on a ouverte. Les abeilles sont déjà calmées, et l'opération se fait plus aisément. Il est bon de prendre la même précaution toutes les fois qu'on visite ses ruches. Cependant, lorsque le temps est très-défavorable,

elle ne suffit pas pour qu'on puisse aborder facilement les abeilles.

371. *Résumé; époque et importance des tailles.* — Ainsi on peut tailler les ruches à trois époques différentes : 1° à l'automne, 2° au printemps, 3° en été. Mais il faut avoir la plus grande réserve dans les tailles d'automne et de printemps. En été, au contraire, après la grande ponte et l'essaimage, il faut faire une ou plusieurs récoltes aussi complètes que possible, en observant bien, toutefois, les règles que j'ai posées à cet égard.

372. *On détruit les jeunes reines qu'on trouve dans les tailles d'été.* —Si, pendant la taille d'été, on trouvait quelques jeunes reines prêtes à éclore, on aurait soin de les détruire, pour prévenir la jetée d'essaims tardifs.

373. *Il n'est pas possible de forcer les abeilles à travailler de préférence en miel ou en cire.* — On s'est beaucoup préoccupé de la possibilité d'obliger les abeilles de travailler de préférence en miel ou en cire ; mais ces deux produits sont inséparables l'un de l'autre, et ce n'est que dans de mauvaises années ou après de longs hivers qu'on trouve les rayons sans miel.

§ 2. PROCÉDÉS POUR EXTRAIRE LE MIEL DES RAYONS ; SES QUALITÉS.

374. Le miel ne peut être extrait des rayons à l'aide de chausses ou de tamis que lorsqu'on ne possède qu'un très-petit nombre de ruches. J'ai donc cru qu'il serait utile d'inventer un appareil avec lequel on pût opérer sur des quantités considérables ; j'ai désigné cet appareil sous le nom de *mellificateur*, et je l'ai décrit ailleurs. Je vais maintenant expliquer la manière de s'en servir.

375. *Extraction du miel au moyen du mellificateur.* — La taille étant effectuée, on place le mellificateur au soleil, dans quelque encoignure de jardin, bien exposée au midi et éloignée du rucher. On met ensuite sur le canevas une couche de rayons coupés en petites portions, en ayant le soin de ranger les vieux d'un côté et les neufs de l'autre ; puis on les couvre du châssis vitré. L'action de la chaleur fond rapidement ces gâteaux, qui s'écoulent dans les bassines. Toutes les heures, on range sur un des bords du canevas le marc qui y reste, et on le remplace par de nouveaux rayons. On se garde bien, dans tout le

cours de cette opération, d'exercer aucune pression.

Lorsque la chaleur du jour baisse, on met tout le marc sur de larges planches qu'on laisse exposées dans le voisinage du rucher; le peu de miel qui s'y trouve encore est rapidement enlevé par les abeilles, et rien n'est perdu.

Le miel qui est tombé dans les bassines y est mêlé à beaucoup de cire qui y nage par flocons plus ou moins gros; pour l'en séparer, on passe ce miel dans un égouttoir en toile métallique très-serrée, ou à travers un tamis de soie, sur lesquels on laisse les flocons de cire toute la nuit.

On recueille le miel qui est adhérent aux bassines en l'en détachant avec le bord d'une carte.

Le canevas sur lequel il reste toujours un peu de miel est exposé à l'air sur un buisson, dans le voisinage du rucher, pour que les abeilles puissent s'emparer des petites parcelles de cette substance qui peuvent y être adhérentes; puis on le lave à l'eau très-chaude pour achever d'en détacher le miel et la cire.

Si la taille a été faite dans une saison trop froide, si on est en septembre ou en octobre, on remplace le châssis vitré par le four de campagne, sans que la qualité du miel en soit altérée, pourvu que l'on fasse un feu modéré. L'emploi du feu n'est pas même absolument nécessaire, et une nuit suffit pour l'entier écoulement du miel; mais alors la cire reste sur le canevas.

En suivant le procédé que je viens de décrire, on n'a qu'une seule espèce de miel, à moins qu'on ne veuille en établir deux, l'une provenant des rayons vieux et l'autre des rayons neufs.

376. *Emmagasinage du miel.* — Le miel, après avoir été purgé de cire, est mis dans des vases tarés à l'avance, et il est recouvert lorsqu'il est refroidi. On le place ensuite dans des endroits secs et froids. Il est bon de poser les vases qui le contiennent sur des cendres, pour empêcher les fourmis de faire quelques tentatives de pillage. On ne doit pas craindre de remplir complétement les vases, car le miel extrait par cette méthode ne fermente pas; il n'écume pas même dans les tisanes.

377. *Le miel varie de qualités suivant les fleurs qui l'ont fourni.* — Les qualités du miel dépendent du parfum des fleurs sur lesquelles il a été recueilli; aussi sa couleur, sa consistance, son goût, son arome varient-ils beaucoup.

Miel des plantes aromatiques. — Celui qui provient des fleurs aromatiques, telles que le romarin, les hysopes, le réséda surtout, est d'une blancheur remarquable et d'un goût exquis.

Miel des prairies artificielles. — Les sainfoins, les trèfles, les luzernes fournissent aussi du miel fort blanc, mais bien loin du précédent pour le goût et l'arome.

Miel du sarrasin. — Celui qui est récolté dans les pays de sarrasin a une odeur et un goût qui lui sont particuliers; c'est le goût et l'odeur du pain d'épice.

Miel des pays à cultures variées. — Dans les pays de cultures variées, il est très-difficile d'avoir du miel de qualité constante, soit pour le goût, soit pour la couleur, soit pour la consistance. J'ai récolté, dans certaines contrées, du miel très-blanc dans quelques ruches, tandis que d'autres le donnaient demi-jaune, jaune et même vert. J'en ai vu de rougeâtre, et celui de Bretagne est brun comme de la mélasse.

378. *Le miel prend facilement les odeurs auxquelles on l'expose.* — Le miel s'imprègne facilement des odeurs avec lesquelles il est mis en contact. Ainsi il suffit de le passer sur les fleurs dont on veut qu'il prenne le goût, ou d'en frotter le tamis sur lequel on le passe, pour qu'il se charge de leur principe odorant. Il faut même employer

bien peu de substances pour réussir dans cette tentative.

379. *Le miel ne blanchit et ne durcit qu'en vieillissant.* — Le miel n'est jamais immédiatement blanc; il le devient en vieillissant. Il est d'abord liquide et il durcit à l'entrée de l'hiver.

La couleur verte qu'il a quelquefois disparaît facilement; il n'en est pas de même de la couleur jaune foncée, qui est très-persistante.

380. *Il y a des miels qui ne durcissent pas.* — Il y a des miels qui ne durcissent jamais et qui restent à l'état de sirop. On ne sait pas à quoi il faut l'attribuer; mais il est bien certain que ce n'est pas parce qu'ils ont été récoltés en été; car j'en ai vu dans cet état qui provenaient de la taille d'octobre.

381. *Qualités qu'on recherche dans le miel.* — On donne la préférence au miel grenu, lourd, d'un arome agréable; on veut qu'il soit clair quand il vient d'être récolté, transparent, bien filant. Mais, plus tard, il doit blanchir peu à peu, prendre de la consistance, et devenir tellement dur, qu'on ait de la peine à l'extraire des vaisseaux qui le contiennent. Le miel blanc est plus estimé que celui qui est pâle; celui qui écume peu en bouillant est recherché; l'on préfère enfin le miel qui a une

odeur médiocre à celui qui en a une trop forte.

382. *Fraudes employées pour augmenter le poids et le volume du miel.* — On augmente par la fraude le poids et la masse du miel, en y ajoutant de la farine. Cette supercherie est facile à reconnaître; il suffit de délayer le miel dans de l'eau : s'il est frelaté, cette eau devient laiteuse, et, si l'on y jette quelques goutte d'iode, elle prend aussitôt une teinte bleue.

383. *Comment on extrait le miel des vases qui le contiennent.* — Pour extraire le miel des vases où on l'a mis, on plonge ces vases dans de l'eau bouillante pour qu'il devienne plus facile à enlever; mais, si on n'en veut prendre qu'une petite quantité, il suffit de se servir de cuillers de fer trempées de même dans de l'eau en ébullition.

§ 3. EXTRACTION DE LA CIRE.

384. *Préparation des pains de cire.* — Le procédé au moyen duquel nous avons extrait le miel a déjà préparé l'extraction de la cire.

Le tamis de soie ou l'égouttoir en toile métallique très-serrée, sur lequel on a passé le miel, se trouve chargé de la cire qui l'a accompagné dans la bassine; on verse ces morceaux de cire dans un vase contenant très-peu d'eau que l'on fait chauffer sur un feu doux, en évitant autant que possible l'ébullition. Quand tous les morceaux sont fondus, on laisse refroidir, et il se forme un pain qui prend la forme du vase dans lequel il se trouve. Si on n'a pas évité l'ébullition et si elle a fait surgir des bulles d'air à la surface, on les enlève en passant légèrement une carte sur la cire pendant qu'elle est encore à l'état liquide.

Le pain de cire obtenu par ce procédé n'a pas ce qu'on appelle *le pied de cire,* matière qui est adhérente à la vraie cire lorsqu'elle a été extraite par les anciennes méthodes. Cette matière n'est composée que de corps étrangers qui se trouvent dans les rayons, tels que le pollen et les coques des œufs.

La cire, ainsi préparée, peut contenir encore quelques parcelles de miel. Si l'on tenait à l'en purger complétement, on exposerait près du rucher, avant de les faire fondre, les petites masses trouvées sur le tamis. Les abeilles en enlèveraient le miel qui pourrait y être contenu, en les réduisant en mille miettes plus petites les unes que les autres. Cette cire, fondue et transformée en pain, est d'une pureté dont rien n'approche.

385. *Extraction de la cire contenue dans le*

marc. — Si le marc refroidi qu'on a trouvé sur le canevas du mellificateur est sec sous les doigts qui le pressent, s'il ne laisse voir aucun grumeau de cire, c'est un signe qu'il n'en contient plus.

Mais, si l'on pense qu'il en contient encore un peu, on le fera bouillir dans une certaine quantité d'eau, puis on passera cette eau sur un canevas assez serré maintenu sur le châssis armé des pointes, et elle entraînera avec elle la cire que ce marc contenait encore. Cette eau refroidie ne laisse souvent à sa surface qu'une légère couche sans consistance, qui est à peine de la cire; on la recueillera, puis on la fera former en pain dans un vaisseau où l'on mettra un peu d'eau.

386. *Extraction de la cire contenue dans des rayons vides.* — Lorsque la ruche a péri, ou que l'on ébrèche des rayons qui ne contiennent pas de miel, on en extrait la cire par le même procédé que pour le marc. Mais, avant de faire fondre ces rayons, il faut les comprimer fortement, afin de mettre le moins d'eau possible et d'obtenir un pain plus épais.

387. *Nature et forme des vases dans lesquels on recueille la cire.* — Il faut que les vases dans lesquels on a laissé refroidir l'eau soient en terre vernie; car, si le pain adhérait aux parois, il serait

difficile de l'en détacher, et on ne pourrait quelquefois y parvenir qu'en cassant le vase, ou en en arrachant quelques parcelles. Ces vases seront, en outre, évasés, plus larges d'entrée que de fond.

388. *Quantité de cire produite par une ruche.* — La quantité de cire que produit une ruche n'est nullement en rapport avec celle du miel qu'elle peut contenir; mais elle est en raison de la surface et du poids des rayons purgés de miel.

Tous les auteurs ont dit, et moi-même j'ai répété après eux, que le poids de la cire récoltée était à celui du miel comme 1 est à 10. C'est une complète erreur. Une ruche qui contient 20, 30 et même 40 kilogr. de miel devrait donner, si c'était exact, 2, 3, 4 kilogr. de cire; mais elle n'en donne guère que 6 à 700 grammes, et c'est là le poids de la cire fournie par les rayons secs d'une ruche dont les rayons pleins contiennent ces quantités de miel; et encore faut-il que ces rayons ne soient pas trop vieux, qu'ils n'aient pas plus d'un an; car nous avons vu comment les vieux rayons se trouvaient privés d'une grande partie de la cire qu'ils contenaient, et on ne sera pas surpris que 2 kilogr. de pareils rayons ne donnent que 120 grammes de cire.

389. *Les vieux rayons ne contiennent presque*

pas de cire. — Les rayons qui n'ont encore reçu que du miel donnent une qualité de cire presque égale à leur propre poids; mais, quand ils sont noirs, ils n'en donnent plus du tout.

390. *Qualités de la cire.* — Les qualités de la cire varient suivant qu'on l'obtient des rayons de l'année ou de ceux des années précédentes. Dans ce dernier cas, elle est d'un jaune terne tirant sur le brun, et, dans le premier, elle est d'un beau jaune clair. Le miel foncé en couleur, brun, provenant du sarrasin, produit une cire bien plus belle, bien plus onctueuse et plus facile à blanchir que celle qui est fournie par les miels les plus fins.

391. *Comment on doit la conserver.* — Les pains de cire doivent être suspendus à l'air à l'aide d'une corde qui les traverse; dans l'obscurité et à l'humidité, ils se détériorent rapidement.

§ 4. ÉVALUATION DU REVENU D'UN RUCHER, ET DÉPENSES NÉCESSAIRES POUR SON ORGANISATION.

392. *Le produit d'un rucher en cire ou en miel est fort variable.* — Il est difficile de déterminer, même approximativement, le revenu d'un rucher. Le produit d'une ruche varie considérablement suivant la richesse du pays, l'importance du ru-

cher et celle des ruchers du voisinage. Il faut donc bien se garder, comme nous l'avons déjà dit, de croire qu'on aura nécessairement un revenu plus considérable en augmentant le nombre de ses ruches; car il est bien démontré qu'une localité qui peut nourrir, dans les bonnes années, une centaine de ruches donnant chacune 12 à 15 kilogr. de miel les verra périr, pour la plupart, dans les années calamiteuses; tandis que, s'il n'y en avait que la moitié seulement, elles produiraient le double dans les bonnes années, et se soutiendraient sans aucun secours dans les années mauvaises. Nous nous contenterons donc de dire que nous estimons qu'un rucher, *sagement conduit*, donnera, *année moyenne*, de 12 à 15 kilogr. de miel et de 400 à 500 grammes de cire par ruche.

393. *Prix variable du miel et de la cire.* — Le revenù du rucher ne varie pas seulement par la quantité plus ou moins grande de miel ou de cire qu'il donne, mais encore par le prix fort variable de ces deux substances. Il y a des localités où le miel ne vaut pas plus de 28 francs les 50 kilogr.; il en est d'autres où il se vend, en détail du moins, de 75 à 125 francs. Le prix de la cire est moins variable; on peut généralement le coter à 1 fr. 50 les 500 grammes.

394. *Bénéfice produit par les essaims.* — Il est des éducateurs qui pensent qu'il est inutile de faire des essaims chaque année, puisqu'on ne peut avoir qu'un nombre limité de ruches dans chaque localité; mais les essaims se vendent fort bien; on peut les porter à d'assez grandes distances, et la France est encore loin d'en être suffisamment pourvue.

Les essaims fraîchement cueillis se vendent bien 1 franc la livre; et, quand ils ont déjà construit, ce prix augmente un peu.

395. *Prix des ruches à cadres en menuiserie.* — Il est bon de se rendre compte maintenant de ce que coûte l'organisation d'un rucher avec des ruches à cadres.

Les ruches à cadres en menuiserie ne peuvent valoir moins de 10 francs, prises une à une, quoique nous ne nous soyons pas muni d'un brevet dans le désir que nous avions de faire profiter chacun de notre heureuse découverte.; mais, dans les pays où la main-d'œuvre n'est pas chère, on les obtiendra à un moindre prix, si on en fait fabriquer un certain nombre à la fois : nous connaissons une personne à laquelle elles sont revenues à 7 francs.

396. *Prix des ruches communes à cadres.* — Les ruches communes, converties en ruches à sys-

tème vertical, ne coûtent pas plus que sous leur ancienne forme, et les mêmes ouvriers peuvent les façonner. Les troncs d'arbres, les boisseleries, les torchis en paille font des ruches dans lesquelles la manipulation des cadres est facile, et le prix auquel elles reviennent n'est, à vrai dire, que celui de la matière employée à leur fabrication, puisque l'on peut les faire soi-même pendant les longues veillées de l'hiver.

397. *Prix de l'affublement et des principaux ustensiles.* — Un affublement est indispensable, et il ne revient pas à plus de 5 francs.

Le cératome coûte 2 fr., et un peu plus, si on le fait briser.

Enfin la boîte que j'ai appelée *mellificateur* et qui sert à extraire le miel des rayons doit, avec ses bassines, revenir à 12 ou 15 francs.

398. Ainsi il est facile de se rendre compte de la première mise de fonds que nécessite l'organisation d'un rucher et de l'époque très-prochaine de la rentrée des déboursés, en se basant sur le prix connu des essaims, du miel et de la cire, dans le pays qu'on habite.

NOTE

DE L'APIAIRE.

J'ai recommandé avec insistance, dans le cours de cet ouvrage, de ne pas entreprendre des plantations coûteuses pour les abeilles, et de ne se livrer à leur éducation que dans les pays où la nature a tout fait pour elles. Il est cependant des cas où je conseillerai de faire exception à cette règle. Si vous avez quelques morceaux de mauvaises terres qui ne vous donnent que des revenus insignifiants, et à proximité desquels des voisins ne puissent pas établir un rucher ; ou bien encore, si vous êtes un riche amateur ne craignant pas de faire quelques sacrifices dans le but de satisfaire votre goût pour les abeilles, n'hésitez pas à planter pour elles ; mais il faut alors que vous connaissiez la nomenclature complète des plantes qu'elles préfèrent.

J'ai proposé de nommer *apiaire* le champ où ces plantes seraient réunies à cette intention.

Vous choisissez, autant que possible, auprès de votre habitation, un champ de mauvaise qualité, éloigné du parcours de vos animaux et du passage des hommes, et en étant séparé par de grands arbres ou des coteaux élevés. Si ce champ est traversé par un courant d'eau, ce sera très-bien; et, dans tous les cas, il faut qu'il y en ait à une petite distance, que les bords du réservoir qui la contient soient en pente douce, ou que l'eau soit couverte de plantes aquatiques, sur les feuilles desquelles les abeilles puissent se poser. Si cette eau est assez abondante, on fera bien d'y avoir du poisson pour manger les larves des insectes qui détruisent beaucoup d'abeilles, telles que les grosses libellules; si elle est stagnante, les abeilles ne s'en arrangeront que mieux.

Des fossés bien entretenus, plantés d'ajoncs ou de genêts épineux, d'acacias taillés comme l'aubépine, d'épines-vinettes, de groseilliers épineux, feront une défense formidable, et fourniront des fleurs que les abeilles aiment beaucoup. De distance en distance, on laissera croître des acacias pour venir à haute tige; ils donneront des fleurs et serviront de décoration; mais il faudra se garder d'établir, sur ces fossés, des arbres fruitiers; ils attirent les enfants, qui détruisent tout.

Cette première enceinte sera suivie d'une autre à l'intérieur, composée d'arbres verts qu'on laissera venir à toutes branches; ces arbres donnent une abondante miellée, et brisent, par la suite, les mauvais vents qui pourraient nuire au vol des abeilles.

On laissera croître entre eux et on provoquera même la venue des genêts, bruyères, ronces dont les abeilles aiment beaucoup les fleurs, et particulièrement la miellée qu'on trouve sur les vieilles feuilles de ces dernières.

S'il y a un ruisseau, ou quelque flaque d'eau, ou une mare, les bords, à l'intérieur, devront être plantés en saule pleureur ou babylonien, qui ne porte que des fleurs femelles avidement recherchées par les abeilles; les marsaults ou saules bruns les accompagneront à cause de leurs fleurs mâles précoces. Les peupliers, les aunes, les bouleaux, les ormeaux, les sycomores, qui aiment un terrain un peu humide, fournissent beaucoup de pollen, et conviennent bien, par conséquent, aux abeilles.

L'intérieur de l'apiaire sera divisé en compartiments, pour la culture des plantes et des arbres ou arbustes qu'on y voudra cultiver dans les diverses saisons; et, comme il faut des soins à toutes ces plantes, on choisira, comme moins coûteuse d'entretien, la forme de carrés longs, que la houe à cheval ou la charrue parcourt plus aisément. Nous laissons au riche, à l'homme de goût les plantations en massifs, les distributions d'agrément.

Des plates-bandes de 2 mètres de largeur, bien défoncées et nettoyées des mauvaises herbes, fumées convenablement, seront garnies de bordures de plantes vivaces, telles que le thym, l'hysope, la lavande, la sarriette vivace, le népenthe, qui ne demandent d'autres soins que d'être taillées après la fleur, et dédoublées tous les trois ou quatre ans, pour créer d'autres bordures ou des massifs qu'on établira dans les parties inégales qui ne peuvent être cultivées qu'à la main.

Dans le milieu de ces plates-bandes, de distance en distance, on plantera des arbustes et des arbres. Ceux-ci seront séparés par des intervalles de 4 mètres, dont chacun recevra deux arbustes. Entre les arbustes et les arbres, et sur la même ligne, il y aura des plantes formant des touffes; les côtés seront semés de plantes annuelles, ou se reproduisant d'elles-mêmes, autant que possible.

Les arbres que l'on doit rechercher sont les cerisiers de toute sorte, et surtout les merisiers et saintes-lucies, le pêcher, l'abricotier, l'arbre de Judée, le catalpa, le faux ébénier, le platane, le tilleul, les acacias de toute espèce, l'*acer eriocarpos*, le vernis du Japon, les *melia azedarach*, et même les châtaigniers, etc.

Parmi les arbustes on choisira le romarin, le

vitex agnus castus, l'olivier de Bohême et autres oliviers, l'alaterne qu'on ne taillera pas, les noisetiers, le cotinus, le symphoria, le troëne du Japon, le prunier-myrobolan, l'épine-vinette, les groseilliers, le laurier-tin, le mahonia.

Les touffes à intercaler se composeront d'arabettes connues sous le nom de corbeilles de violettes, de pavot vivace, de passe-roses simples, de mauves, de menthes, de mélisses, d'asters, de verges d'or, d'hélianthèmes, de marguerites, de campanules, de raiponces, de crocus, de scabieuses, de centaurées à grosses têtes, de glaïeuls, de lis, d'aubrietia, de *farsetia cheiranthifolia*, de violiers ou giroflées jaunes des murailles, de lamiums, de saxifrages, d'origans, de serpolet, toutes plantes qui demandent très-peu de soins.

Pour le reste, les plates-bandes seront semées en bourrache, héliotrope d'Europe, ponceau, pissenlit, sarriette, et surtout en réséda qui, outre l'excellent miel qu'il produit, donne encore du pollen en abondance, et parfume agréablement tout le voisinage de l'apiaire.

D'une plate-bande à l'autre, on devra laisser de grandes planches de 10 mètres de largeur, destinées à recevoir, par une rotation bien entendue, des fleurs pour le printemps, l'été et l'automne.

Dans les terres calcaires, on sèmera des sainfoins, des trèfles blancs, et, dans tous les terrains légers, du trèfle incarnat, farouch ou roussillon, du mélilot de Sibérie, des fèves de marais, certaines sortes de haricots nains que les abeilles fréquentent, du vesseau, de la luzerne jaune connue sous le nom de minette, des oignons pour graine, de l'ail, l'*asclepias syriaca* ou plante au coton, mais surtout, pour le printemps, des rabettes, des colzas, des moutardes; pour l'été, des cucurbitacées, melons, citrouilles, potirons; et enfin, pour l'automne et fin d'été, du blé noir, polygonum fagopyron, appelé carabin ou sarrasin dans quelques contrées. C'est sur cette dernière plante que les abeilles prendront de quoi remplacer les provisions qu'on leur aura enlevées.

Il va sans dire qu'il y a beaucoup d'autres plantes dont les abeilles sont très-avides; mais je n'ai cité que les plus communes, celles qui sont à la portée de tout le monde.

On conçoit aussi que, sans créer d'apiaire, on peut orner son jardin, couvrir ses haies, ses terres abandonnées, ses rochers incultes de la plupart de ces plantes que les abeilles sauront bien trouver.

C'est d'après ce mode que j'ai converti 5 hectares de pauvres terres à seigle en apiaire, qui, outre le miel que les abeilles y récolteront, me fournira des fruits, des graines et des plantes culinaires ou médicinales très-recherchées.

Je pense que chaque hectare pourra nourrir cinq ruches qui, à 20 francs chacune, donneront un revenu cinq fois plus considérable que des céréales.

FIN.

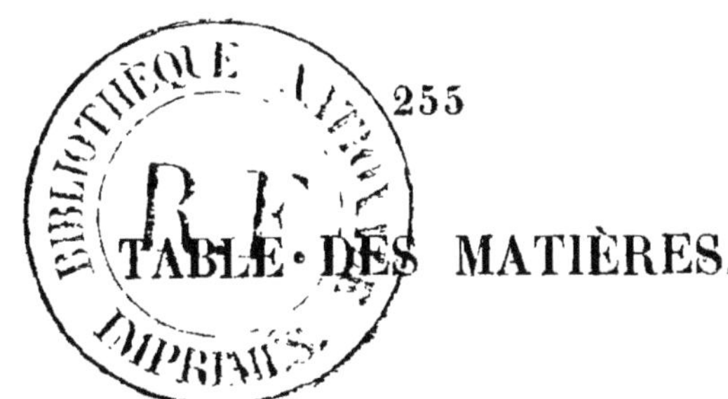

TABLE DES MATIÈRES.

Pages.

AVANT-PROPOS. 1

PREMIÈRE PARTIE.

Des abeilles. 3
CHAPITRE Ier. Physiologie des abeilles. . . . . . *ib.*
§ 1. De la reine. 5
§ 2. Des mâles. 16
§ 3. Des ouvrières. 20
CHAPITRE II. Architecture des abeilles. 52
CHAPITRE III. Des essaims. 69
§ 1. Définitions. . . . . *ib.*
§ 2. Causes de l'essaimage. 72
§ 3. Signes de l'essaimage et départ de l'essaim. 75
CHAPITRE IV. Maladies des abeilles. 84
CHAPITRE V. Des ennemis des abeilles. 94
§ 1. Les insectes. . . . . *ib.*
§ 2. Les oiseaux. 109
§ 3. Les rongeurs. 111
§ 4. Les reptiles. . . . . *ib.*
§ 5. L'homme. 112
CHAPITRE VI. De la piqûre. 114

DEUXIÈME PARTIE.

Des ruches à cadres verticaux, de l'affublement, des outils et ustensiles. 119
CHAPITRE Ier. Des ruches à cadres verticaux. . . . *ib.*
CHAPITRE II. De l'affublement, des outils et ustensiles. 134
§ 1. De l'affublement. . . . . *ib.*
§ 2. Des outils et ustensiles. 136

TROISIÈME PARTIE.

Soins à donner aux abeilles, ou apiculture proprement dite. 149
CHAPITRE Ier. Installation du rucher. . . . . . . *ib.*
§ 1. Contrées et plantes favorables à l'établissement d'un rucher. . . . . *ib.*
§ 2. Exposition du rucher et disposition des ruches. 153
§ 3. Achat des ruches et leur transport. . . 158
CHAPITRE II. Achat des essaims et manière de les récolter. 164
§ 1. Achat des essaims, manière de recueillir les essaims naturels et de les arrêter. . . *ib.*
§ 2. Essaims forcés dans une ruche vulgaire. 172
§ 3. Soins à donner aux essaims introduits dans les ruches à cadres verticaux. . . 180
CHAPITRE III. Direction d'un rucher composé de ruches à cadres verticaux. 182
§ 1. Transvasement des ruches vulgaires dans les ruches à cadres verticaux. . . . . *ib.*
§ 2. Essaims prématurés, forcés ou artificiels. 193
§ 3. Essaims d'automne.. 204
§ 4. Soins à donner aux ruches et aux abeilles. 206
§ 5. Organisation et direction de la ruche de l'observateur. 221
CHAPITRE IV. Du miel et de la cire. 222
§ 1. Récolte du miel et de la cire. . . . . *ib.*
§ 2. Procédés pour extraire le miel des rayons; ses qualités. 235
§ 3. Extraction de la cire. 240
§ 4. Évaluation du revenu d'un rucher et dépenses nécessaires pour son organisation. 244
Note. — De l'apiaire. 248

FIN DE LA TABLE.

www.ingramcontent.com/pod-product-compliance
Ingram Content Group UK Ltd.
Pitfield, Milton Keynes, MK11 3LW, UK
UKHW021855190726
13855UKWH00001B/339

9 782013 045056